기하 ^{마지막} 정리노트

기하 마지막 정리노트

기하 마지막 정리노트

초판 1쇄 발행 2011년 4월 15일

지은이 하성진
펴낸이 박영발
펴낸곳 W미디어
등록 제2005-000030호
주소 서울 양천구 목동 907 현대월드타워 1905호
전화 02-6678-0708
팩스 02-6678-0309
e-mail wmedia@naver.com

ISBN 978-89-91761-45-2(세트)
ISBN 978-89-91761-46-9 54410

값 15,000원

기하 마지막 정리노트

하성진 지음

미디어

기하(幾何)의 즐거움

어떻게 하면 기하 문제를 잘 풀 수 있을까?

어떻게 하면 기하 문제를 잘 풀게 할 수 있을까?

이 두 가지의 질문은 지금도 학생들에게 기하를 가르치고 있는 제게 끊임없이 계속되는 질문입니다.

게임에 규칙이 없다면 게임이 주는 즐거움이 아마도 훨씬 덜할 것입니다.

마찬가지로 수학, 특히 기하 부분에서도 기억해야 할 법칙들이 있습니다.

이 규칙을 모르면 늘 문제의 해결방법이 모호할 뿐입니다.

수학이 암기과목은 분명 아니지만 기본적인 규칙을 모르고는 더 이상의 응용이나 심화도 없는 것이 사실입니다.

또, 아무리 재미있는 게임이라 해도 적절한 매뉴얼이 없다면 많은 사람이 즐기기에는 어려움이 있을 것입니다. 기하라는 과목은 좋은 매뉴얼만 있다면 다른 무엇과도 비교할 수 없을 정도로 아주 재미있는 게임이 될 수 있습니다.

이 책에 소개된 여러 정리들-도형의 성질과 관련된 정리들, 도형의 넓이와 관련된 정리들, 도형의 닮음과 관련된 정리들, 피타고라스의 정리와 관련된 정리들, 원의 성질과 관련된 정리들, 변환과 관련된 정리들-은 이런 매뉴얼의 일부입니다.

중등과정 중 거의 절반을 차지하는 기하를 어려워 하는 학생들을 많이 보아왔습니다.

수학의 영역 중에서 기하 부분이 특별히 더 어렵기 때문만은 아닐 것입니다.

대수 영역은 많은 시간 동안 연습을 해서 '수학 = 대수' 라는 생각이 들 정도로 익숙한 것에 비해 기하 영역은 많은 학생과 학부모님들이 짧은 기간에 해결할 수 있는 영역이라고 생각합니다.

아마도 외워야 할 공식 혹은 원리가 대수 영역에 비해 적어서 그렇게 생각할 수도 있으리라 생각되지만, 기하 부분 역시 오랜 시간 숙지하고 연습하여야 비로소 익숙하게 활용할 실력이 갖추어지는 영역입니다. 주어지는 그림이 조금만 다르게 수정이 되어도 전혀 다르게 보여지기 때문입니다.

기하 부분의 문제들을 해결하는 방법에서도 접근하는 기본적인 방법들이 있습니다.
평행선과 연장선을 이용해서 닮음의 비를 옮기는 방법, 넓이를 일정하게 유지하면서 모양을 변형하는 방법, 원의 성질을 이용해서 각을 옮기는 방법 등등 숙지해야 할 방법들이 있습니다.

학생들의 이해를 돕기 위해 단원의 진행방향은 교과서의 순서를 따랐습니다.
하지만 내용은 교과 수준을 넘어서는 것이 많습니다.

또, 이 책의 문제들은 최근의 여러 시험에 기출된 문제들이라기보다 고전에 속할 만큼 오래된 문제들이 많습니다. 하지만 기하에 대한 기본기를 탄탄하게 해줄 중요한 문제들입니다.

이 책에 있는 정리들을 단순히 외우려 하지 말고 문제를 해결하는 방법들, 특히 보조선에 집중을 해서 공부하시기를 부탁드립니다.
또, 가능하다면 이 책을 처음부터 끝까지 여러 번 반복해서 해결방법들이 거의 외워지도록 공부하여줄 것을 부탁드립니다.

학습에 관한 책들이 넘쳐나는 때에 또 하나의 책을 펼쳐서 여러 학생들에게 시간을 허비하게 하지 않을까 하는 조심스러움이 없진 않지만 많은 학생들에게 반드시 도움이 되는 책이 되리라는 더 큰 기대가 있습니다.

아무쪼록 이 책으로 공부하는 학생들에게 좋은 길잡이가 되기를 바랍니다.

하성진

차례

기본 내용

정리 1 **삼각형에서 내각의 크기와 변 사이의 관계**

삼각형 ABC에서

(1) $\angle B > \angle C$이면 $\overline{AC} > \overline{AB}$가 성립한다.

(2) $\overline{AC} > \overline{AB}$이면 $\angle B > \angle C$가 성립한다.

증명

(1)

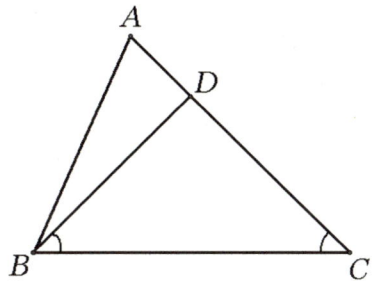

$\overline{AC}$ 위에서 $\angle ACB = \angle CBD$를 만족하는 점 D를 잡으면 $\overline{BD} = \overline{DC}$이므로

$$\overline{AC} = \overline{AD} + \overline{DC} = \overline{AD} + \overline{BD} > \overline{AB}$$

가 성립한다.

(2)

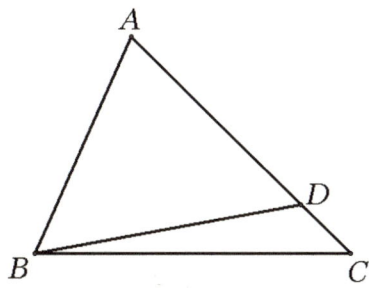

$\overline{AC}$ 위에 $\overline{AB} = \overline{AD}$를 만족하는 점 D를 잡으면

$$\angle ABC > \angle ABD = \angle ADB = \angle ACB + \angle CBD > \angle ACB$$

가 성립한다.

정리 2

삼각형 ABC에서 $\overline{AC}$ 위의 한 점을 D라 하면
$$\overline{AB} + \overline{AC} > \overline{BD} + \overline{DC}$$
가 성립한다.

증명

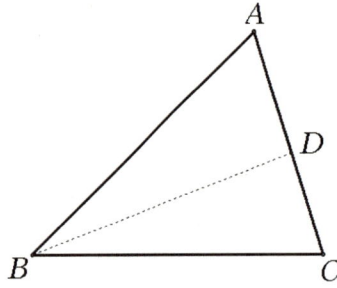

$\triangle ABD$에서
$$\overline{AB} + \overline{AD} > \overline{BD}$$
이므로, 양변에 $\overline{DC}$를 각각 더해서 정리하면
$$\overline{AB} + \overline{AD} + \overline{DC} = \overline{AB} + \overline{AC} > \overline{BD} + \overline{DC}$$
가 성립한다.

정리 3

삼각형 ABC에서 내부의 한 점을 P라 하면

(1) $\overline{AB} + \overline{AC} > \overline{PB} + \overline{PC}$

(2) $\angle BPC > \angle BAC$

가 성립한다.

증명

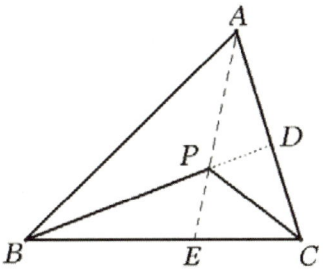

(1) $\overline{AB} + \overline{AC} = \overline{AB} + \overline{AD} + \overline{DC}$

$> \overline{BD} + \overline{DC}$

$= \overline{PB} + (\overline{PD} + \overline{DC})$

$> \overline{PB} + \overline{PC}$

(2) $\overline{AP}$의 연장선이 $\overline{BC}$와 만나는 점을 E라 하면

$\angle BPC = \angle BPE + \angle CPE$

$= (\angle ABP + \angle BAP) + (\angle CAP + \angle ACP)$

$= \angle BAC + \angle ABP + \angle ACP$

$> \angle BAC$

가 성립한다.

정리 4

삼각형 ABC에서 내부의 한 점을 P라 하고, $\overline{BP}$, $\overline{CP}$의 연장선이 $\overline{AC}$, $\overline{AB}$와 만나는 점을 각각 D, E라 하면

$$\overline{AE} + \overline{AD} > \overline{PD} + \overline{PE}$$

가 성립한다.

증명

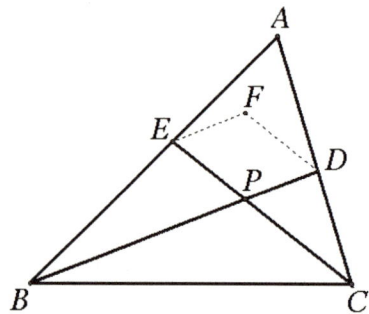

D에서 $\overline{PE}$와 평행한 직선을 긋고, E에서 $\overline{PD}$와 평행한 직선을 그어 그 교점을 F라 하면 $\square PDFE$는 평행사변형이므로

$$\overline{PD} = \overline{EF}, \quad \overline{PE} = \overline{DF}$$

이다. $\triangle ADE$에서 **정리 3**에 의해

$$\overline{AD} + \overline{AE} > \overline{EF} + \overline{DF} = \overline{PD} + \overline{PE}$$

가 성립한다.

정리 5

삼각형 ABC의 내부에 점 P, Q를 취하여, 볼록사각형 $PBCQ$를 만들면
$$\overline{AB} + \overline{AC} > \overline{BP} + \overline{PQ} + \overline{QC}$$
가 성립한다.

증명

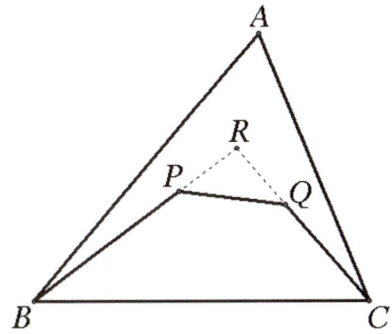

$\overline{BP}$, $\overline{CQ}$ 의 연장선의 교점을 R 이라 하면

정리 3 에 의해 $\overline{AB} + \overline{AC} > \overline{RB} + \overline{RC}$가 성립하므로

$$
\begin{aligned}
\overline{AB} + \overline{AC} &> \overline{RB} + \overline{RC} \\
&= \overline{RP} + \overline{BP} + \overline{RQ} + \overline{QC} \\
&> \overline{BP} + \overline{PQ} + \overline{QC}
\end{aligned}
$$

가 성립한다.

정리 6

삼각형 ABC에 있어서 $\overline{AB} > \overline{AC}$일 때 $\overline{BC}$의 중점을 M이라 하면

     (1) $\overline{AB} + \overline{AC} > 2\overline{AM}$ (2) $\angle BAM < \angle CAM$

이 성립한다.

증명

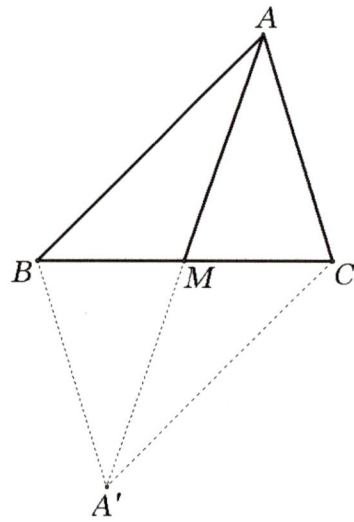

$\overline{AM}$의 연장선 위에 $\overline{AM} = \overline{MA'}$를 만족하는 점 A'를 잡으면, 사각형 $ABA'C$는 평행사변형이므로(대각선이 서로 다른 것을 이등분)

(1) $\overline{AB} + \overline{AC} = \overline{AB} + \overline{BA'} > \overline{AA'} = 2\overline{AM}$
이 성립한다.

(2) 조건에서 $\overline{AB} > \overline{AC} = \overline{A'B}$이므로 $\triangle ABA'$에서
     $\angle CAM = \angle BA'M > \angle BAM$
이 성립한다.

정리 7

삼각형 ABC에서 $\overline{AD}$를 중선이라 하고, $\angle ADB$, $\angle ADC$의 이등분선이 변 $\overline{AB}$, $\overline{AC}$와 만나는 점을 각각 P, Q라 하면
  (1) $\overline{PQ} \,/\!/\, \overline{BC}$
  (2) $\overline{PQ} < \overline{BP} + \overline{CQ}$
가 성립한다.

증명

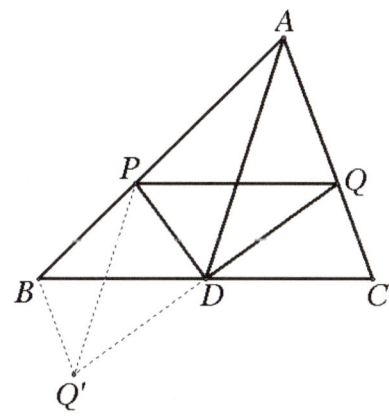

(1) 각의 이등분선 정리에 의해 (정리 92 참조)

$$\frac{\overline{AP}}{\overline{PB}} = \frac{\overline{AD}}{\overline{BD}} = \frac{\overline{AD}}{\overline{CD}} = \frac{\overline{AQ}}{\overline{QC}}$$

이므로 $\overline{PQ} \,/\!/\, \overline{BC}$가 성립한다.

(2) $\overline{QD}$의 연장선 위에 $\overline{QD} = \overline{Q'D}$를 만족하는 점 Q'를 잡으면
     $\triangle PDQ \equiv \triangle PDQ' \,(SAS)$, $\triangle BDQ' \equiv \triangle CDQ \,(SAS)$
에서

$$\overline{PQ} = \overline{PQ'} < \overline{BP} + \overline{BQ'} = \overline{BP} + \overline{CQ}$$

가 성립한다.

정리 8

$\overline{AB} > \overline{AC}$인 삼각형 ABC에서 $\angle A$ 의 이등분선과 $\overline{BC}$와의 교점을 D 라 하고, $\overline{AD}$ 위의 임의의 점을 P 라 하면
$$\overline{AB} - \overline{AC} > \overline{BP} - \overline{CP}$$
가 성립한다.

증명

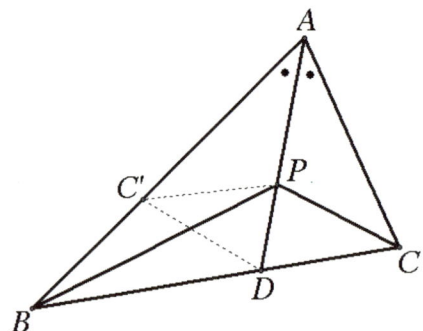

$\overline{AC} = \overline{AC'}$ 를 만족하는 점 C'를 $\overline{AB}$ 위에 잡으면
$\triangle ACP \equiv \triangle AC'P\,(SAS)$이므로 $\overline{CP} = \overline{C'P}$
$$\overline{AB} - \overline{AC} = \overline{AB} - \overline{AC'} = \overline{BC'} > \overline{BP} - \overline{C'P} = \overline{BP} - \overline{CP}$$
가 성립한다.

정리 9

삼각형 ABC에서 $\angle A$의 외각의 이등분선 위의 점을 P라 하면
$$\overline{AB} + \overline{AC} \leq \overline{PB} + \overline{PC}$$
가 성립한다.

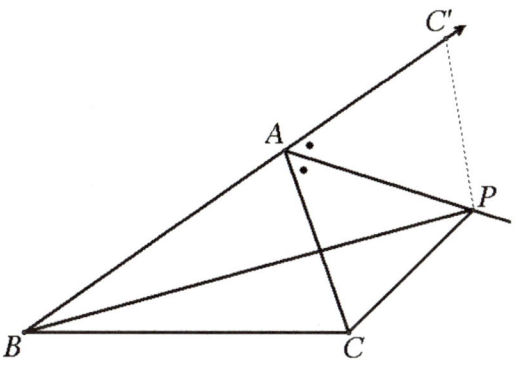

증명

$\overline{BA}$의 연장선 위에 $\overline{AC} = \overline{AC'}$를 만족하는 점 C'를 잡으면
$$\triangle PAC \equiv \triangle PAC' \,(SAS)$$
이므로 $\overline{PC} = \overline{PC'}$에서
$$\overline{AB} + \overline{AC} = \overline{AB} + \overline{AC'} \leq \overline{PB} + \overline{PC'} = \overline{PB} + \overline{PC}$$
가 성립한다. 단 등호는 $P = A$일 때 성립한다.

정리 10

$\overline{AB} > \overline{AC}$인 삼각형 ABC에서 $\overline{AC}$ 위의 한 점을 P라 하고, $\overline{BP}$의 연장선 위의 한 점을 Q라 하면

$$\overline{AB} - \overline{AC} < \overline{BQ} - \overline{CQ}$$

가 성립한다.

증명

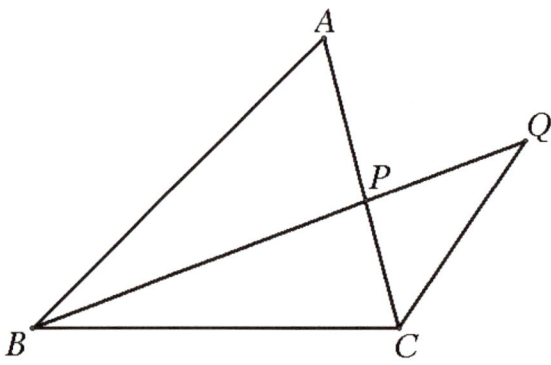

$\triangle ABP$에서

$$\overline{AB} < \overline{AP} + \overline{BP} \quad \cdots\cdots\cdots\cdots\cdots\cdots\cdots\cdots\cdots\cdots ①$$

$\triangle CPQ$에서

$$\overline{CQ} < \overline{PC} + \overline{PQ} \quad \cdots\cdots\cdots\cdots\cdots\cdots\cdots\cdots\cdots\cdots ②$$

가 성립하고 ①+② 하면

$$\overline{AB} + \overline{CQ} < (\overline{AP} + \overline{PC}) + (\overline{BP} + \overline{PQ}) = \overline{AC} + \overline{BQ}$$

이다. 정리하면

$$\overline{AB} - \overline{AC} < \overline{BQ} - \overline{CQ}$$

가 성립한다.

정리 11

삼각형 ABC에서 $\overline{AB} > \overline{BC} > \overline{CA}$ 일 때, 삼각형 내부의 한 점을 P라 하면
$$\overline{PA} + \overline{PB} + \overline{PC} < \overline{AB} + \overline{BC}$$
가 성립한다.

증명

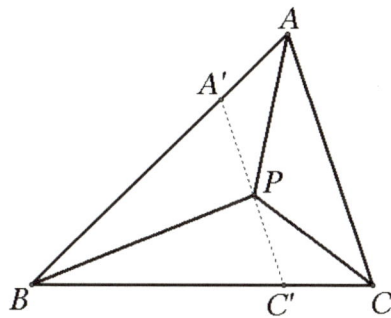

P를 지나고 $\overline{CA}$와 평행한 선분이 $\overline{AB}$, $\overline{BC}$와 만나는 점을 각각 A', C'라 하면 $\overline{AB} > \overline{BC} > \overline{CA}$ 이므로 $\triangle ABC \backsim \triangle A'BC'$ 에서
$$\angle C > \angle A > \angle B, \ \angle BA'C' = \angle BAC, \ \angle BC'A' = \angle BCA$$
이다.
$$\overline{PB} < \overline{A'B} \ \cdots\cdots\cdots\cdots\cdots\cdots\cdots\cdots\cdots\cdots\cdots\cdots\cdots ①$$
$\triangle PAA'$ 에서
$$\overline{PA} < \overline{PA'} + \overline{AA'} \ \cdots\cdots\cdots\cdots\cdots\cdots\cdots\cdots\cdots ②$$
$\triangle PCC'$ 에서
$$\overline{PC} < \overline{PC'} + \overline{CC'} \ \cdots\cdots\cdots\cdots\cdots\cdots\cdots\cdots\cdots ③$$

①②③에서
$$\begin{aligned}
\overline{PA} + \overline{PB} + \overline{PC} &< (\overline{A'B} + \overline{AA'}) + (\overline{PA'} + \overline{PC'}) + \overline{CC'} \\
&= \overline{AB} + \overline{A'C'} + \overline{CC'} \\
&< \overline{AB} + \overline{BC'} + \overline{CC'} \\
&= \overline{AB} + \overline{BC}
\end{aligned}$$
이므로
$$\overline{PA} + \overline{PB} + \overline{PC} < \overline{AB} + \overline{BC}$$
가 성립한다.

삼각형 ABC의 내심을 I라 하고, I에서 $\overline{BC}$, $\overline{CA}$, $\overline{AB}$에 내린 수선의 발을 각각 D, E, F라 한다. 세 변의 길이를 각각 a, b, c라 할 때

$$\overline{AF} = \overline{AE} = \frac{1}{2}(b + c - a)$$

$$\overline{BF} = \overline{BD} = \frac{1}{2}(c + a - b)$$

$$\overline{CD} = \overline{CE} = \frac{1}{2}(a + b - c)$$

가 성립한다.

증명

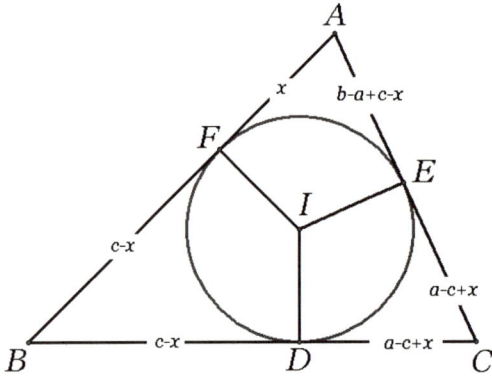

$\overline{AF} = x$라 하면
$\overline{BF} = \overline{BD} = c - x$, $\overline{CD} = \overline{CE} = a - c + x$ 이므로
$$\overline{AE} = b - a + c - x$$
이다. 또 $\overline{AF} = \overline{AE}$ 이므로
$$x = \frac{1}{2}(b + c - a)$$
이다. 같은 방법으로
$$\overline{BF} = \overline{BD} = \frac{1}{2}(c + a - b), \quad \overline{CD} = \overline{CE} = \frac{1}{2}(a + b - c)$$
가 성립한다.

02

도형의 성질과
관련된 정리들

정리 13 이등변삼각형과 관련된 정리❶

삼각형 ABC의 꼭짓점 B, C에서 $\overline{AC}$, $\overline{AB}$에 내린 수선의 발을 각각 Q, P라고 할 때 $\overline{BQ} = \overline{CP}$이면 $\overline{AB} = \overline{AC}$가 성립한다.

증명

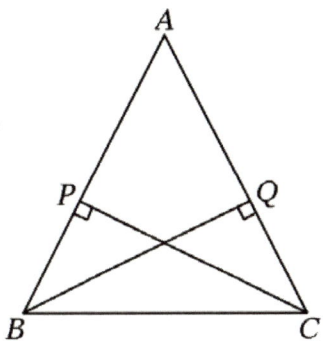

$\triangle ABQ \equiv \triangle ACP \, (ASA)$에서 $\overline{AB} = \overline{AC}$가 성립한다.

정리 14 이등변삼각형과 관련된 정리❷

두 중선의 길이가 같은 삼각형은 이등변삼각형이다.

증명

삼각형 ABC에서 $\overline{AB}$, $\overline{AC}$의 중점을 각각 D, E라 하자.

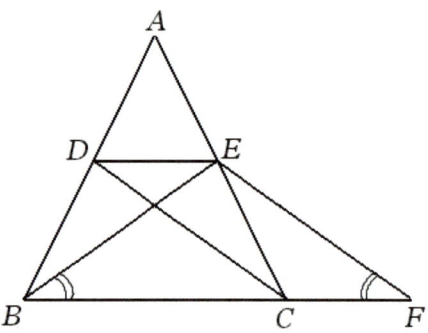

$\overline{CD}$ 를 평행이동하여 $\overline{EF}$가 되게 하면

$$\overline{BE} = \overline{CD} = \overline{EF}$$

에서 $\triangle EBF$는 이등변삼각형, $\square DCFE$는 평행사변형이 되므로

$$\angle EBC = \angle EFB = \angle DCB$$

이므로 $\triangle DBC \equiv \triangle EBC \ (SAS)$에서

$$\angle DBC = \angle ECB$$

가 되어

$$\overline{AB} = \overline{AC}$$

가 성립한다.

정리 15 **이등변삼각형과 관련된 정리❸ :** 슈타이너-레무스 정리(The Steiner-Lehmus Theorem)

삼각형 ABC에서 두 내각의 이등분선 $\overline{BD}$, $\overline{CE}$ 의 길이가 같으면 삼각형 ABC 는 이등변 삼각형이다.

증명

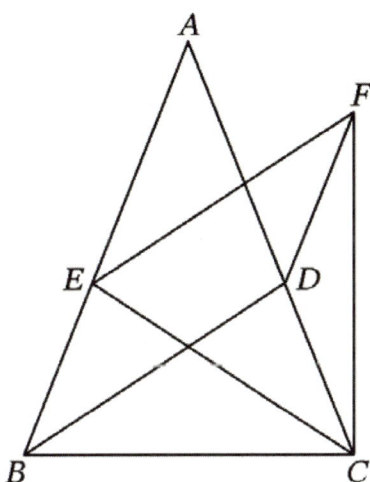

$\angle B \neq \angle C$일 때, 일반성을 잃지 않고 $\angle B > \angle C$라 하자.

$\overline{BD} = \overline{EF}$, $\overline{BD} \parallel \overline{EF}$가 되도록 $\overline{EF}$를 작도하면 $\square BDFE$는 평행사변형,

$\overline{BD} = \overline{EF} = \overline{CE}$ 에서 $\triangle EFC$는 이등변삼각형이므로

$$\angle EBD = \angle EFD, \ \angle EFC = \angle ECF$$

가 성립한다. 또,

$$\angle DFC = \angle EFC - \angle EFD = \angle EFC - \angle EBD$$
$$\angle DCF = \angle ECF - \angle ECD$$

이므로 $\angle DFC < \angle DCF$가 되어 $\triangle DCF$에서

$$\overline{CD} < \overline{DF} \quad \cdots\cdots\cdots\cdots\cdots\cdots\cdots\cdots\cdots① $$

가 성립한다.

한편, $\triangle BCE$, $\triangle BCD$에서 $\angle B > \angle C$이므로

$$\overline{CD} > \overline{BE} = \overline{DF} \quad \cdots\cdots\cdots\cdots\cdots\cdots② $$

① ②에서 모순이므로 $\angle B > \angle C$가 성립하지 않아서

$$\angle B = \angle C$$

가 성립한다.

정리 16 **이등변삼각형과 관련된 정리❹**

이등변삼각형의 밑변 위의 임의의 한 점에서 등변에 내린 수선의 길이의 합은
등변에 대한 높이와 같다.

증명 1

그림에서 $\overline{PD} + \overline{PE} = \overline{BF}$ 가 성립함을 보이면 된다.

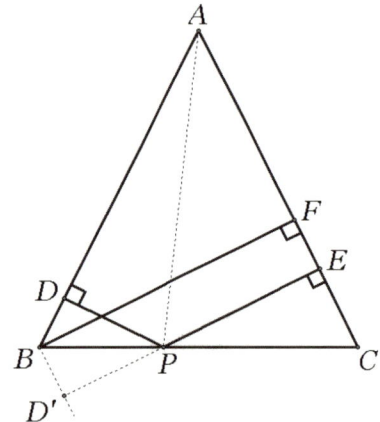

P에서 B를 지나고 $\overline{AC}$에 평행한 직선 위에 내린 수선의 발을 D'라 하면
$$\triangle PDB \equiv \triangle PD'B \, (RHA)$$
이므로
$$\overline{PD} + \overline{PE} = \overline{PD'} + \overline{PE} = \overline{BF}$$
가 성립한다.

증명 2

$\triangle ABC = \triangle ABP + \triangle ACP$ 에서
$$\frac{1}{2} \times \overline{AC} \times \overline{BF} = \frac{1}{2} \times AB \times \overline{PD} + \frac{1}{2} \times \overline{AC} \times \overline{PE}$$
이다. 양변을 $\frac{1}{2} \times \overline{AC} = \frac{1}{2} \times \overline{AB}$ 로 약분하면
$$\overline{BF} = \overline{PD} + \overline{PE}$$
가 성립한다.

정리 17 이등변삼각형과 관련된 정리⑤

이등변삼각형에서 밑변의 연장 위의 점에서 등변에 내린 수선의 길이의 차는 등변에 대한 높이와 같다.

증명 1

그림에서 $\overline{PD} - \overline{PE} = \overline{BF}$ 가 성립함을 보이면 된다.

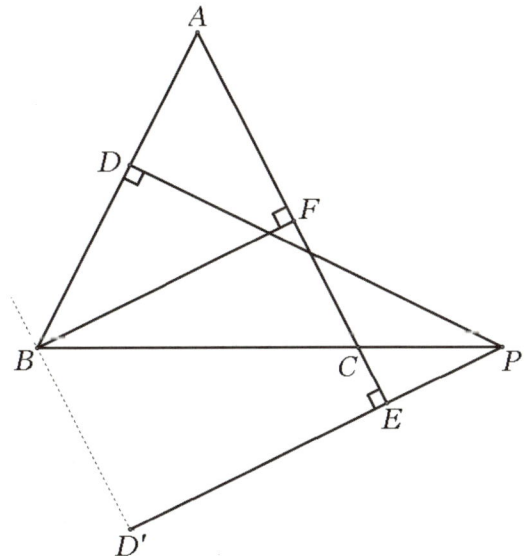

B를 지나고 $\overline{AC}$에 평행한 직선 위에 P에서 내린 수선의 발을 D'라 하면
$$\triangle PDB \equiv \triangle PD'B \,(RHA)$$
이므로
$$\overline{PD} - \overline{PE} = \overline{PD'} - \overline{PE} = \overline{D'E} = \overline{BF}$$
가 성립한다.

증명 2

$\triangle ABC = \triangle ABP - \triangle ACP$에서
$$\frac{1}{2} \times \overline{AC} \times \overline{BF} = \frac{1}{2} \times \overline{AB} \times \overline{PD} - \frac{1}{2} \times \overline{AC} \times \overline{PE}$$
이고, 양변을 $\frac{1}{2} \times \overline{AC} = \frac{1}{2} \times \overline{AB}$ 로 약분하면
$$\overline{BF} = \overline{PD} - \overline{PE}$$
가 성립한다.

정리 18 **정삼각형과 관련된 정리❶**

정삼각형 ABC 내부의 점 P에서 각 변에 내린 수선의 길이의 합은 높이와 같다.

$$\overline{PD} + \overline{PE} + \overline{PF} = \overline{AH}$$

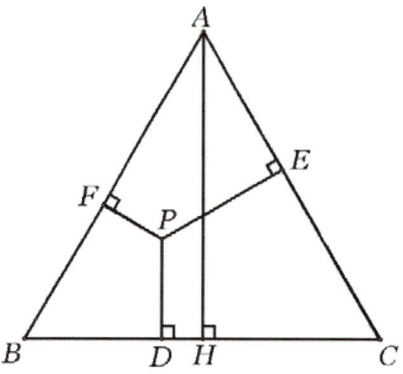

증명 1 **대칭을 이용**

P를 지나고 $\overline{BC}$와 평행한 선분을 $\overline{B'C'}$라 하고,

B'를 지나고 $\overline{AC}$에 평행한 직선 위에

P에서 내린 수선의 발을 F'라 하면

$$\triangle PFB' \equiv \triangle PF'B' \,(RHA)$$

이므로 $\overline{PE} + \overline{PF} = \overline{PE} + \overline{PF'} = \overline{B'E'} = \overline{AQ}$ 에서

$$\overline{PD} + \overline{PE} + \overline{PF} = \overline{AH}$$

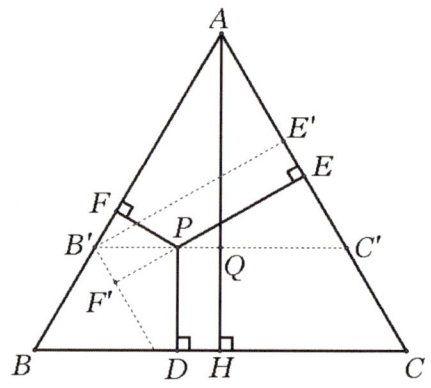

증명 2 **넓이를 이용**

정삼각형의 한 변의 길이를 a라 두면

$$\triangle ABC = \frac{1}{2} \times a \times (\overline{PD} + \overline{PE} + \overline{PF}) = \frac{1}{2} a \cdot \overline{AH}$$

이므로 양변을 $\frac{1}{2} a$로 약분하면

$$\overline{PD} + \overline{PE} + \overline{PF} = \overline{AH}$$

가 성립한다.

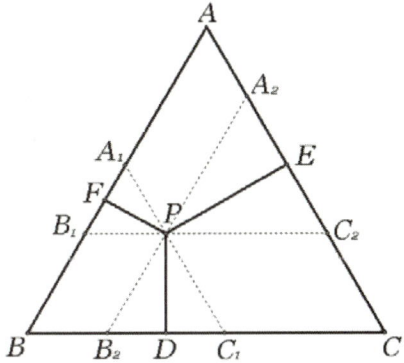

정리 19 정삼각형과 관련된 정리❷

정삼각형 ABC 내부의 점 P에서 변 $\overline{BC}$, $\overline{CA}$, $\overline{AB}$에 내린 수선의 발을 각각
D, E, F라 하면
$$\overline{AF} + \overline{BD} + \overline{CE} = \overline{BF} + \overline{CD} + \overline{AE}$$
가 성립한다.

증명 1

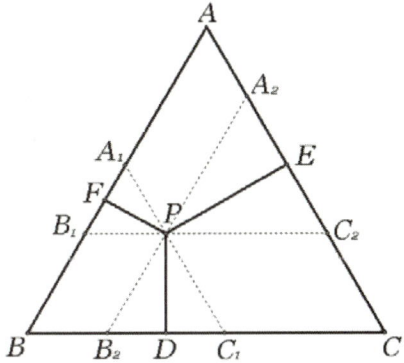

그림과 같이 P를 지나고 세 변과 평행한 선분을 그어 각각 $\overline{A_2B_2}$, $\overline{B_1C_2}$, $\overline{C_1A_1}$이라 하면,
$\square AA_1PA_2$, $\square BB_2PB_1$, $\square CC_2PC_1$는 평행사변형이므로
$$\overline{AA_1} = \overline{PA_2} = \overline{PC_2} = \overline{CC_1}$$
이다. 같은 방법으로
$$\overline{BB_1} = \overline{CC_2}, \quad \overline{AA_2} = \overline{BB_2}$$
가 성립한다.
또 $\triangle A_1B_1P$, $\triangle PB_2C_1$, $\triangle A_2PC_2$는 정삼각형이므로
$$\overline{FA_1} = \overline{FB_1}, \quad \overline{DB_2} = \overline{DC_1}, \quad \overline{EC_2} = \overline{EA_2}$$
가 성립한다. 정리하면
$$\begin{aligned}
&\overline{AF} + \overline{BD} + \overline{CE} \\
&= (\overline{AA_1} + \overline{FA_1}) + (\overline{BB_2} + \overline{DB_2}) + (\overline{CC_2} + \overline{EC_2}) \\
&= (\overline{CC_1} + \overline{FB_1}) + (\overline{AA_2} + \overline{DC_1}) + (\overline{BB_1} + \overline{EA_2}) \\
&= (\overline{BB_1} + \overline{FB_1}) + (\overline{CC_1} + \overline{C_1D}) + (\overline{AA_2} + \overline{A_2E}) \\
&= \overline{BF} + \overline{CD} + \overline{AE}
\end{aligned}$$
가 성립한다.

증명 2

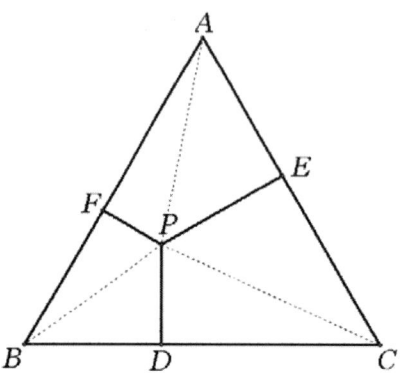

$$\overline{PB}^2 - \overline{PC}^2 = (\overline{BD}^2 + \overline{PD}^2) - (\overline{PD}^2 + \overline{CD}^2)$$
$$= (\overline{BD}^2 - \overline{CD}^2)$$
$$= (\overline{BD} + \overline{CD})(\overline{BD} - \overline{DC})$$

에서

$$\overline{PB}^2 - \overline{PC}^2 = \overline{BC}(\overline{BD} - \overline{DC}) \quad \cdots\cdots\cdots ①$$

가 성립한다. 같은 방법으로

$$\overline{PC}^2 - \overline{PA}^2 = \overline{CA}(\overline{CE} - \overline{EA}) \quad \cdots\cdots\cdots ②$$
$$\overline{PA}^2 - \overline{PB}^2 = \overline{AB}(\overline{AF} - \overline{BF}) \quad \cdots\cdots\cdots ③$$

①+②+③ 하면 $\overline{AB} = \overline{BC} = \overline{CA}$ 이므로 $\overline{AB}(\overline{AF} + \overline{BD} + \overline{CE} - \overline{BF} - \overline{CD} - \overline{AE}) = 0$에서

$$\overline{AF} + \overline{BD} + \overline{CE} = \overline{BF} + \overline{CD} + \overline{AE}$$

가 성립한다.

정리 20 **정삼각형과 관련된 정리❸**

정삼각형 ABC 내부의 점 P에서 세 변에 내린 수선의 발을 각각 D, E, F라 하고 $\overline{PD}$, $\overline{PE}$, $\overline{PF}$의 길이를 각각 x, y, z라 할 때, $x^2 + y^2 + z^2$의 최솟값은 정삼각형의 높이가 $\overline{AH}$이면,

$$\frac{1}{3}\overline{AH}^2$$

이다.

증명

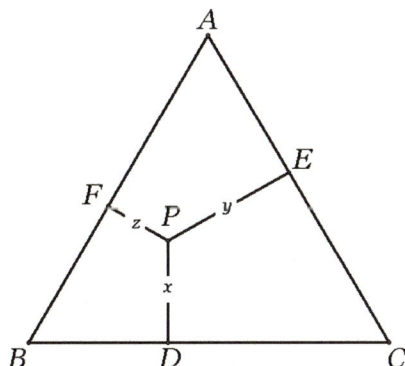

A에서 $\overline{BC}$에 내린 수선의 발을 H라 하면 **정리 18** 에서 $\overline{PD} + \overline{PE} + \overline{PF} = \overline{AH}$ 이므로 코시부등식에 의해

$$(1^2 + 1^2 + 1^2)(x^2 + y^2 + z^2) \geq (x+y+z)^2 = \overline{AH}^2$$

이 성립한다.

┌─ 코시 부등식 ─

$$(a^2 + b^2)(x^2 + y^2) \geq (ax + by)^2$$
$$(a^2 + b^2 + c^2)(x^2 + y^2 + z^2) \geq (ax + by + cz)^2$$
$$(a_1^2 + a_2^2 + \cdots + a_n^2)(b_1^2 + b_2^2 + \cdots + b_n^2) \geq (a_1 b_1 + a_2 b_2 + \cdots + a_n b_n)^2$$

정리 21

육각형 $ABCDEF$에서 내각의 크기가 모두 같을 때
$$\overline{AB} + \overline{BC} = \overline{EF} + \overline{DE}$$
가 성립한다.

증명

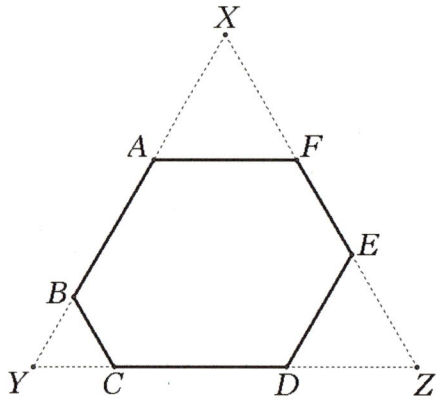

그림과 같이 $\overline{AB}$, $\overline{CD}$, $\overline{EF}$의 연장선의 교점을 각각 X, Y, Z라 하면
$$\triangle XYZ, \triangle XAF, \triangle BYC, \triangle EDZ$$
는 정삼각형이므로
$$\overline{AB} + \overline{BC} = \overline{AB} + \overline{BY} = \overline{AY}$$
$$\overline{DE} + \overline{EF} = \overline{EZ} + \overline{EF} = \overline{FZ}$$
$$\overline{AY} = \overline{XY} - \overline{XA} = \overline{XZ} - \overline{XF} = \overline{FZ}$$
에서
$$\overline{AB} + \overline{BC} = \overline{EF} + \overline{DE}$$
가 성립한다.

정리 22 삼각형의 외심

삼각형 ABC에서
(1) 세 변의 수직이등분선은 한 점에서 만난다.
(2) 외심을 O라 하면 $\angle BOC = 2 \times \angle BAC$가 성립한다.

증명

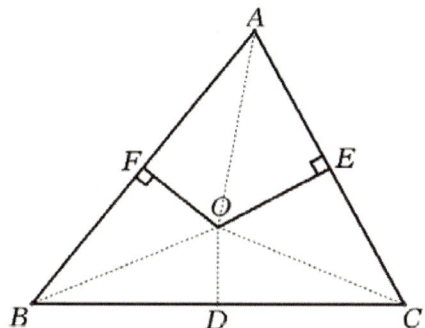

(1) $\overline{AB}$, $\overline{AC}$의 수직이등분선의 교점을 O라 하고, O에서 $\overline{BC}$에 내린 수선의 발을 D라 할 때 $\overline{BD} = \overline{CD}$임을 보이면 된다.

$$\triangle AFO \equiv \triangle BFO \, (SAS)$$

이므로 $\overline{AO} = \overline{BO}$ ··· ①

$$\triangle AEO \equiv \triangle CEO \, (SAS)$$

이므로 $\overline{AO} = \overline{CO}$ ··· ②

①②에서 $\overline{BO} = \overline{CO}$ 이므로

$$\triangle BDO \equiv \triangle CDO \, (RHS)$$

에서 $\overline{BD} = \overline{CD}$가 성립한다.

(2) $\overline{AO}$의 연장선과 $\overline{BC}$의 교점을 P라 하면

$$\angle ABO = \angle BAO = \frac{1}{2} \angle POB$$

$$\angle ACO = \angle CAO = \frac{1}{2} \angle POC$$

이므로

$$\angle BOC = 2 \times \angle BAC$$

가 성립한다.

정리 23 **삼각형의 내심**

삼각형 ABC에서

(1) 세 꼭짓각의 이등분선은 한 점에서 만난다.

(2) 내심을 I라 할 때 $\angle BIC = 90° + \dfrac{1}{2}\angle BAC$가 성립한다.

증명

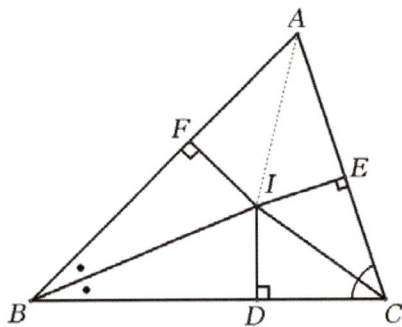

⑴ $\angle B$, $\angle C$의 이등분선의 교점을 I라 하면 $\angle BAI = \angle CAI$임을 보이면 된다. I에서 각 변에 내린 수선의 발을 각각 D, E, F라 하면

$$\triangle IBD \equiv \triangle IBF \,(RHA) \quad \cdots\cdots\cdots\cdots\cdots\cdots\cdots ①$$
$$\triangle IDC = \triangle IEC \,(RHA) \quad \cdots\cdots\cdots\cdots\cdots\cdots\cdots ②$$

이다. ①②에서 $\overline{IF} = \overline{ID} = \overline{IE}$ 이므로

$$\triangle IFA \equiv \triangle IEA \,(RHS) \quad \cdots\cdots\cdots\cdots\cdots\cdots\cdots ③$$

가 성립한다. ③에서

$$\angle BAI = \angle CAI$$

가 성립한다.

⑵ $\angle BIC = 180° - \dfrac{1}{2}(\angle B + \angle C)$

$\qquad = 180° - \dfrac{1}{2}(180° - \angle A)$

$\qquad = 90° + \dfrac{1}{2}\angle A$

정리 24 삼각형의 무게중심

삼각형 ABC에서
(1) 삼각형의 세 중선은 한 점에서 만난다.
(2) 이 점(무게중심)은 중선을 $2:1$로 내분한다.

*중선: 삼각형의 한 꼭짓점과 대변의 중점을 이은 선분

증명

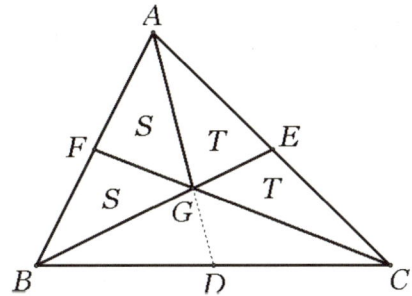

(1) 두 중선 $\overline{BE}$, $\overline{CF}$의 교점을 G라 하고, $\overline{AG}$의 연장선이 $\overline{BC}$와 만나는 점을 D라 할 때 $\overline{BD} = \overline{CD}$임을 보여주면 된다.

$\triangle AFG = \triangle BFG = S$, $\triangle AEG = \triangle CEG = T$라 하면 $\triangle ACF = \triangle BCF$에서

$$\triangle BCG = 2T \quad\text{.............................} ①$$

또 $\triangle ABE = \triangle BCE$에서

$$\triangle BCG = 2S \quad\text{.............................} ②$$

①②에서 $S = T$이므로

$$\triangle AFG = \triangle BFG = \triangle BDG = \triangle CDG = \triangle CEG = \triangle AEG$$

이다. $\triangle BDG = \triangle CDG$이므로 $\overline{BD} = \overline{CD}$를 만족한다.

(2) $\triangle ABG = 2S$, $\triangle BDG = S$이므로 무게중심은 세 중선을 각각 $2:1$로 내분한다.

정리 25 **삼각형의 무게중심의 활용**

평행사변형 $ABCD$의 두 변 $\overline{BC}$, $\overline{CD}$의 중점을 각각 M, N이라 하고, 대각선 $\overline{BD}$와 $\overline{AM}$, $\overline{AN}$의 교점을 각각 P, Q라 할 때, $\overline{BP} = \overline{PQ} = \overline{QD}$ 이다.

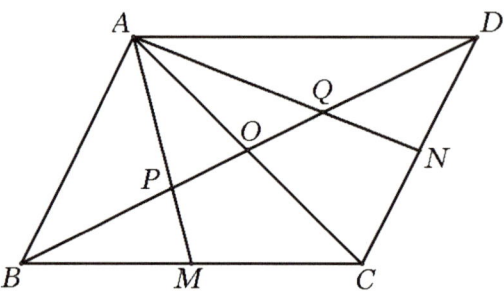

증명

점 O는 평행사변형 $ABCD$의 두 대각선의 교점이므로

$$\overline{AO} = \overline{CO}, \ \overline{BO} = \overline{DO} \ \cdots\cdots\cdots\cdots\cdots\cdots\cdots\cdots\cdots ①$$

이고, P, Q는 각각

$$\triangle ABC, \triangle ADC \text{의 무게중심} \ \cdots\cdots\cdots\cdots\cdots\cdots\cdots ②$$

이므로 ①②에서

$$\overline{BP} = \frac{2}{3}\overline{BO}$$

$$\overline{QD} = \frac{2}{3}\overline{DO}$$

$$\overline{PQ} = \frac{1}{3}\overline{BO} + \frac{1}{3}\overline{DO}$$

$$\overline{BP} = \overline{PQ} = \overline{QD}$$

가 성립한다.

정리 26   삼각형의 수심

삼각형의 세 꼭짓점에서 대변에 내린 세 수선은 한 점에서 만난다

증명 1

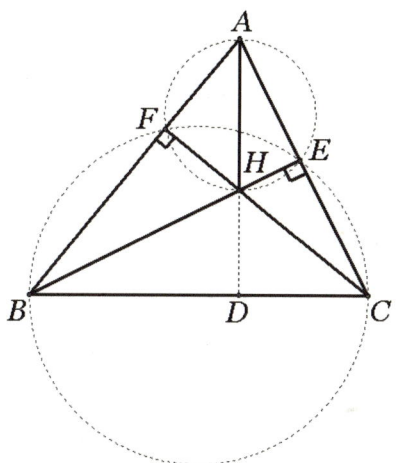

B, C에서 $\overline{AC}$, $\overline{AB}$에 내린 수선의 발을 각각 E, F라 하고, $\overline{BE}$, $\overline{CF}$의 교점을 H라 할 때 $\overline{AH} \perp \overline{BC}$임을 보여주면 된다.

$\overline{AH}$의 연장선이 $\overline{BC}$와 만나는 점을 D라 하자.

(A, E, H, F)와 (B, C, E, F)는 각각 같은 원 위의 점이므로

$$\angle HAE = \angle HFE = \angle CFE = \angle CBE$$

이고, $\triangle ACD \backsim \triangle BCE$이므로 $\overline{AD} \perp \overline{BC}$이다.

증명 2

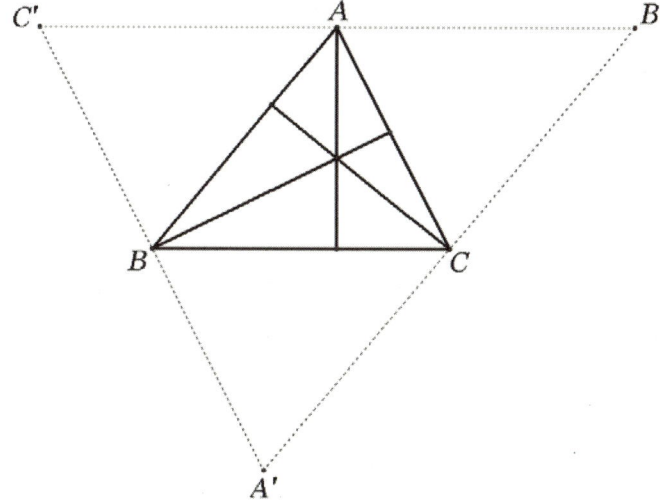

A를 지나고 $\overline{BC}$와 평행한 직선과 B를 지나고 $\overline{CA}$와 평행한 직선과 C를 지나고 $\overline{AB}$에 평행한 직선이 둘씩 만나는 점을 각각 A', B', C'라 하면 $\triangle ABC$, $\triangle A'B'C'$는 닮음비가 $1 : 2$인 닮음삼각형이고, $\triangle ABC$의 수심은 $\triangle A'B'C'$의 외심이므로 정리 22 에 의해 한 점에서 만난다.

정리 27 삼각형의 내심, 방심과 변의 길이와의 관계

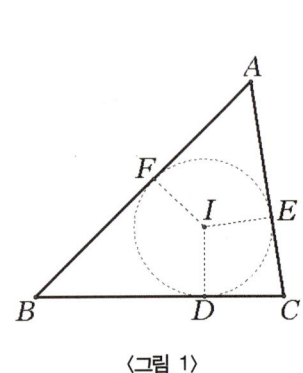

〈그림 1〉

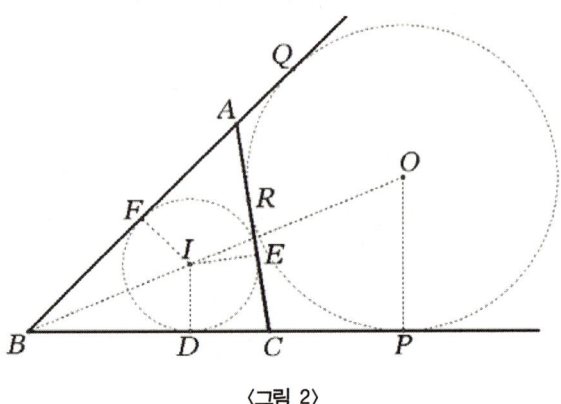

〈그림 2〉

$s = \dfrac{1}{2}(a+b+c)$ 일 때,

(1) 삼각형 ABC의 내접원과 세 변 $\overline{AB}$, $\overline{BC}$, $\overline{CA}$ 가 만나는 점을 각각 F, D, E라 하면
$$\overline{AE} = \overline{AF} = s - a, \quad \overline{BD} = \overline{BF} = s - b, \quad \overline{CD} = \overline{CE} = s - c$$
가 성립한다.

(2) 삼각형 ABC의 방접원 중 $\overline{AC}$에 접하는 방접원이 $\overline{BC}$, $\overline{BA}$ 의 연장선과 만나는 점을 각각 P, Q라 하면
$$\overline{BP} = \overline{BQ} = s$$
가 성립한다.

증명

(1) $\overline{AF} = x$ 라 하면 $\overline{BF} = \overline{BD} = c - x$, $\overline{CD} = \overline{CE} = a - c + x$ 가 되어
$\overline{AE} = b - a + c - x$ 이므로 $\overline{AE} = \overline{AF}$에서
$$x = \dfrac{1}{2}(-a+b+c) = \dfrac{1}{2}(a+b+c) - a = s - a$$
나머지도 같은 방식으로 성립한다.

(2) $\overline{AR} = \overline{AQ}$, $\overline{CR} = \overline{CP}$ 이고, $\overline{BP} = \overline{BQ}$ 이므로
$$\overline{BP} = \overline{BQ} = \dfrac{1}{2}(a+b+c)$$
가 성립한다.

정리 28 수심삼각형

삼각형 ABC의 꼭짓점 A, B, C에서 대변에 내린 수선의 발 D, E, F를 세 꼭짓점으로 하는 삼각형을 수심삼각형이라고 한다. 예각삼각형의 수심은 수심삼각형의 내심이다.

증명

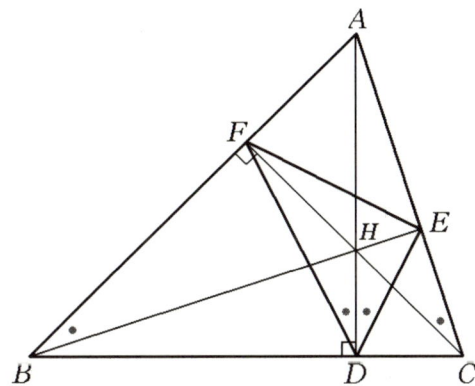

삼각형 ABC의 수심을 H라 하자

B, F, E, C는 한 원 위의 점이므로

$$\angle FBH = \angle FCH \quad\text{·····························}①$$

B, F, H, D는 한 원 위의 점이므로

$$\angle FBH = \angle FDH \quad\text{·····························}②$$

D, H, E, C는 한 원 위의 점이므로

$$\angle ECH = \angle EDH \quad\text{·····························}③$$

①②③에서

$$\angle FDH = \angle EDH$$

가 성립한다.

*참고: 둔각삼각형의 수심은 수심삼각형의 방심이다

41

정리 29 **수족삼각형(Pedal Triangle)**

삼각형 ABC의 내부의 P에서 $\overline{BC}$, $\overline{CA}$, $\overline{AB}$에 내린 수선의 발을 각각 D, E, F라 하면 $\triangle DEF$는 $\triangle ABC$의 점 P에 대한 수족삼각형이라 한다. 또, 삼각형 ABC의 외접원의 반지름을 R이라 하면 P에서 삼각형 ABC의 꼭짓점까지의 거리가 x, y, z인 수족삼각형의 세 변의 길이는

$$\frac{ax}{2R}, \frac{by}{2R}, \frac{cz}{2R}$$

가 성립한다.

증명

사인 정리에 의해 $\dfrac{\overline{EF}}{\sin A} = \overline{AP}$, $\dfrac{a}{\sin A} = 2R$이므로

$$\overline{EF} = \frac{ax}{2R}$$

가 성립한다. 같은 방식으로

$$\overline{DF} = \frac{by}{2R}, \ \overline{DE} = \frac{cz}{2R}$$

가 성립한다.

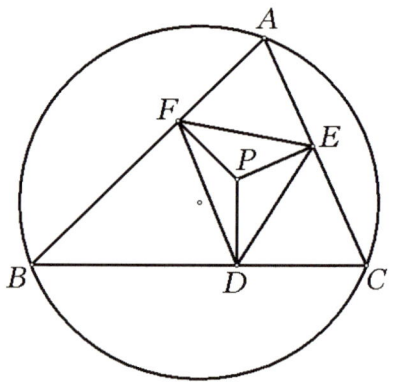

— 사인 정리 ——

삼각형 ABC에서 외접원의 반지름을 R이라 하면 원주각의 성질에 의해 $\angle BAC = \angle BA'C$ 이므로 직각삼각형 $A'BC$에서

$$\sin A = \frac{a}{A'C}$$

가 성립한다. 같은 방식으로

$$\frac{a}{\sin A} = \frac{b}{\sin B} = \frac{c}{\sin C} = 2R$$

이 성립한다.

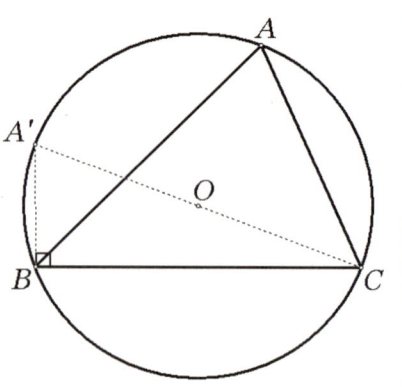

정리 30 **삼각형의 방심**

삼각형 ABC에서

(1) 한 내각의 이등분선과 다른 두 외각의 이등분선은 한 점에서 만난다.

(2) $\angle AOC = 90° - \dfrac{1}{2}\angle ABC$

(3) $\overline{BD} = \overline{BE} = \dfrac{1}{2}(\overline{AB} + \overline{BC} + \overline{CA})$

증명

(1)

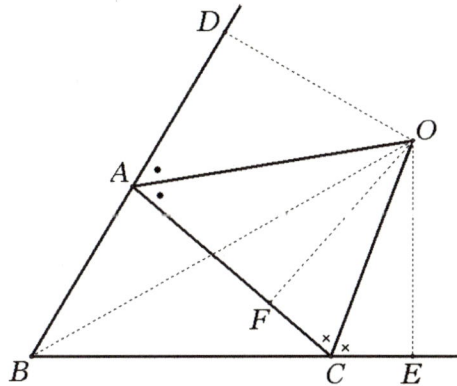

O에서 각 변 혹은 변의 연장선에 내린 수선의 발을 D, E, F라 하고, $\angle DAF$, $\angle ECF$의 이등분선의 교점을 O라 하면 $\angle OBA = \angle OBC$임을 보여주면 된다.

$$\triangle ODA \equiv \triangle OFA ,\ \triangle OEC \equiv \triangle OFC\,(RHA)$$

이므로

$$\overline{OD} = \overline{OE} = \overline{OF}$$

이고, $\triangle ODB \equiv \triangle OEB\,(RHS)$에서

$$\angle OBD = \angle OBE$$

가 성립한다.

(2) $\angle AOC = \dfrac{1}{2}\angle DOE = \dfrac{1}{2}(180° - \angle ABC) = 90° - \dfrac{1}{2}\angle ABC$

(3) (1)에서 $\triangle ODB \equiv \triangle OEB$ 이므로 $\overline{BD} = \overline{BE}$ 이고

$$\begin{aligned}\overline{AB} + \overline{BC} + \overline{CA} &= \overline{AB} + \overline{BC} + (\overline{AF} + \overline{CF})\\ &= \overline{AB} + \overline{BC} + (\overline{AD} + \overline{CE})\\ &= \overline{BD} + \overline{BE} = 2\overline{BD}\end{aligned}$$

가 성립한다.

바리논(Varignon)의 정리❶

사각형의 변의 중점을 차례로 이어서 만든 사각형은 평행사변형이고, 그 넓이는 원래의 사각형 넓이의 $\dfrac{1}{2}$ 이다.

증명

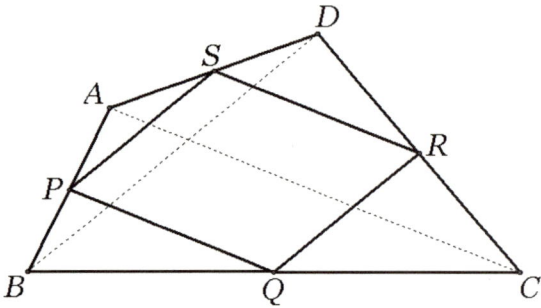

삼각형의 중점연결정리에 의해 (정리 81 참조)
$$\overline{PQ} = \overline{SR} = \frac{1}{2}\overline{AC},\ \overline{PS} = \overline{QR} = \frac{1}{2}\overline{BD}$$
이 성립하고, 또 닮음비에 의해
$$\triangle PBQ = \frac{1}{4}\triangle ABC,\ \ \triangle SDR = \frac{1}{4}\triangle ADC$$
$$\triangle APS = \frac{1}{4}\triangle ABD,\ \ \triangle CQR = \frac{1}{4}\triangle CBD$$
이다. 그러므로
$$\triangle APS + \triangle CQR = \frac{1}{4}\square ABCD$$
$$\triangle PBQ + \triangle SDR = \frac{1}{4}\square ABCD$$
$$\square PQRS = \square ABCD - (\triangle APS + \triangle CQR + \triangle PBQ + \triangle SDR) = \frac{1}{2}\square ABCD$$
가 성립한다.

정리 32 바리논의 정리❷

사각형의 두 쌍의 대변의 중점을 이은 선분과 두 대각선의 중점을 이은 선분은 한 점에서 만나고, 서로 다른 것을 이등분한다.

증명

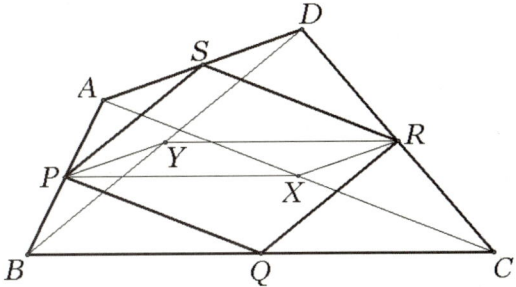

정리 31 에서 사각형 $PQRS$가 평행사변형이고, 같은 방식으로 사각형 $PXRY$도 평행사변형이므로 평행사변형의 성질에 의해 대각선 $\overline{PR}$, $\overline{SQ}$, $\overline{XY}$ 는 서로 이등분한다.

┌─ 평행사변형의 성질 ─────────────────────

 (1) 한 쌍의 대변이 평행하고, 그 길이가 같다.

 (2) 두 쌍의 대변의 길이가 각각 같다.

 (3) 두 대각의 크기가 각각 같다.

 (4) 두 대각선이 서로 다른 것을 이등분한다.

정리 33 사다리꼴의 특징

사다리꼴 $ABCD$의 대각선의 교점을 지나고 밑변 $\overline{BC}$에 평행하게 그은 선분이 $\overline{AB}$, $\overline{DC}$와 만나는 점을 각각 E, F라 하면

$$\overline{OE} = \overline{OF} = \frac{\overline{AD} \times \overline{BC}}{\overline{AD} + \overline{BC}}$$

가 성립한다.

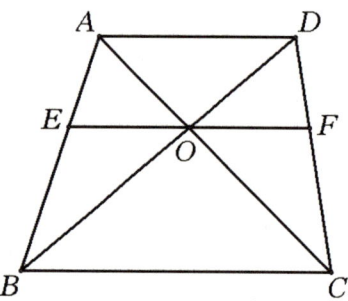

증명

$\overline{AD} = a$, $\overline{BC} = b$라 하고, $\overline{OE} = x$, $\overline{OF} = y$라 하면 $\triangle AOD \sim \triangle COB$에서

$$\frac{\overline{AD}}{\overline{BC}} = \frac{\overline{AO}}{\overline{OC}} = \frac{\overline{DO}}{\overline{OB}} = \frac{a}{b}$$

이다. $\triangle AEO \sim \triangle ABC$에서 $\dfrac{\overline{OE}}{\overline{BC}} = \dfrac{\overline{AO}}{\overline{AC}} = \dfrac{a}{a+b}$ 이므로

$$\overline{OE} = \frac{a}{a+b} \times \overline{BC} = \frac{ab}{a+b} \quad\cdots\cdots\cdots\cdots\cdots\cdots ①$$

이다. 같은 방법으로 $\triangle DOF \sim \triangle DBC$에서

$$\frac{\overline{OF}}{\overline{BC}} = \frac{\overline{DO}}{\overline{DB}} = \frac{a}{a+b}$$

이므로

$$\overline{OF} = \frac{a}{a+b} \times \overline{BC} = \frac{ab}{a+b} \quad\cdots\cdots\cdots\cdots\cdots\cdots ②$$

가 성립하고 ①②에서

$$\overline{OE} = \overline{OF} = \frac{\overline{AD} \cdot \overline{BC}}{\overline{AD} + \overline{BC}}$$

가 성립한다.

정리 34 멘션의 문제(Mention, 1850)

삼각형 ABC에서 $\angle A$의 이등분선 $\overline{AD}$와 A에서 밑변에 내린 수선 $\overline{AH}$가 이루는 각은 두 밑각 $\angle B$, $\angle C$의 차의 반과 같다. 즉 $\angle DAH = \dfrac{1}{2}\,|\,\angle B - \angle C\,|$가 성립한다.

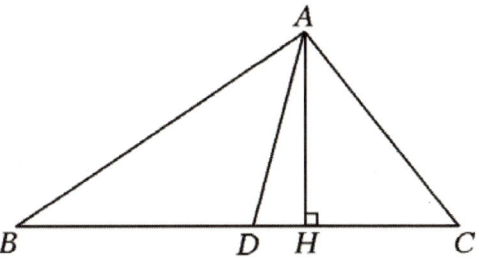

증명

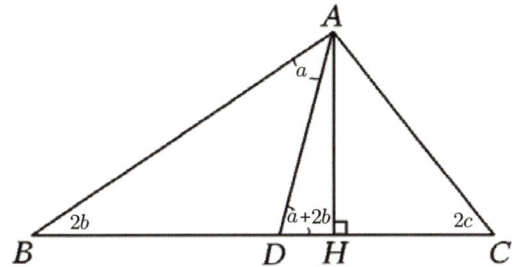

$\triangle ADH$에서 $\angle DAH = \theta$, $\angle A = 2a$, $\angle B = 2b$, $\angle C = 2c$라 하면

$$\theta = 90 - a - 2b$$
$$= \frac{1}{2}(180 - 2a - 2b - 2b)$$
$$= \frac{1}{2}\{180 - (2a + 2b) - 2b\}$$
$$= \frac{1}{2}\{180 - (180 - 2c) - 2b\}$$
$$= \frac{1}{2}(2c - 2b)$$

가 성립한다.

정리 35 도형과 비(평균부등식 Ⅲ)

$$\overline{AM} = \frac{a+b}{2}, \ \overline{GM} = \sqrt{ab}, \ \overline{HM} = \frac{2ab}{a+b}, \ \overline{RM} = \sqrt{\frac{a^2+b^2}{2}} \ \text{에서}$$

$$\frac{2ab}{a+b} < \sqrt{ab} < \frac{a+b}{2} < \sqrt{\frac{a^2+b^2}{2}}$$

가 성립한다. (단, $a = b$ 일 때 등호 성립)

$$\overline{HM} < \overline{GM} < \overline{AM} < \overline{RM}$$

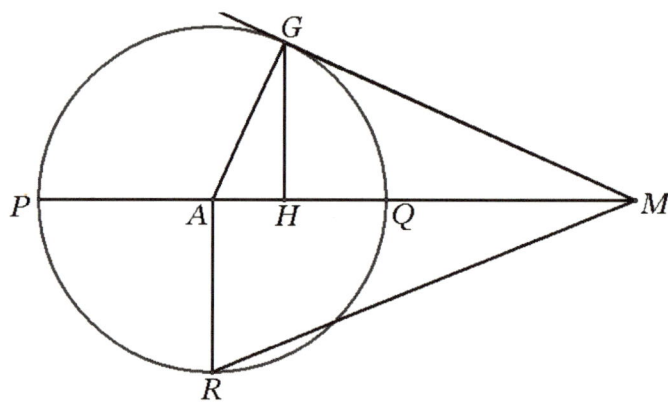

(Harmonic Mean 〈 Geometric Mean 〈 Arithmetic Mean 〈 Root Mean Square)

증명

$\overline{PQ}$ 가 지름인 원에서 $\overline{PM} = a$, $\overline{QM} = b \, (a > b > 0)$ 를 만족하는 점 M 을 $\overline{PQ}$ 의 연장선 위에 잡으면

(1) $\overline{AP} = \overline{AQ} = \dfrac{a-b}{2}$ 이므로

$$\overline{AM} = \frac{a+b}{2}$$

(2) $\overline{GM}^2 = \overline{PM} \cdot \overline{QM}$ 이므로

$$\overline{GM} = \sqrt{ab}$$

(3) 직각삼각형의 사영에 대한 정리(정리 80)에 의해 $\overline{GM}^2 = \overline{HM} \cdot \overline{AM}$ 에서

$$\overline{HM} = \frac{2ab}{a+b}$$

가 성립한다.

(4) 직각삼각형 ARM에서 피타고라스의 정리에 의해

$$\overline{RM}^2 = \overline{AM}^2 + \overline{AR}^2 = \left(\frac{a+b}{2}\right)^2 + \left(\frac{a-b}{2}\right)^2 \text{에서}$$

$$\overline{RM} = \sqrt{\frac{a^2+b^2}{2}}$$

직각삼각형에서 빗변이 가장 긴 변이므로 $\overline{RM} > \overline{AM} > \overline{GM} > \overline{HM}$이 성립한다.

HM : Harmonic Mean (조화평균)   GM : Geometric Mean (기하평균)
AM : Arithmetic Mean (산술평균)   RM : Root Mean Square

정리 36 **최단거리 문제❶**

삼각형 ABC에서 가장 긴 변을 $\overline{BC}$라 할 때, $\overline{BC}$ 위의 점 D에서 $\overline{AB}$, $\overline{AC}$에 내린 수선의 발을 각각 E, F라 하면 $\overline{EF}$를 최소로 하는 점 D는 A에서 $\overline{BC}$에 내린 수선의 발이다.

증명

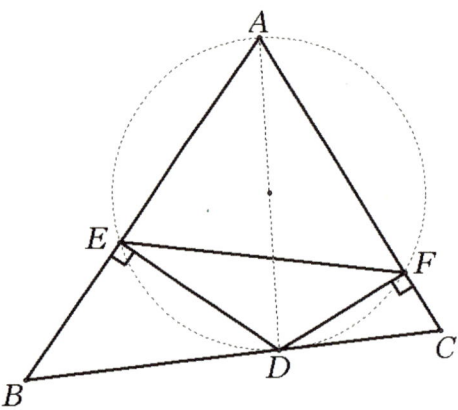

A, E, D, F는 같은 원 위의 점이고 $\overline{AD}$는 그 원의 지름이므로 사인 정리에 의해 (**정리 29** 참조)

$$\frac{\overline{EF}}{\sin A} = 2R = \overline{AD}$$

$$\overline{EF} = \overline{AD}\sin A$$

이고 $\angle A$의 크기는 일정하므로 $\overline{AD}$의 길이가 최소일 때, $\overline{EF}$의 길이도 최소가 된다.

정리 37 최단거리 문제❷

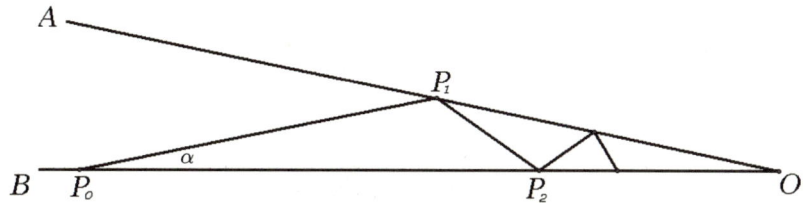

빛을 반사하는 벽 AOB가 있다. 그림과 같이 점 P_0에서 각 α로 나온 빛이
점 P_1, P_2, P_3, $\cdots$ 로 차례로 반사하여 점 P_n에서 벽에 수직으로 입사한다고 한다.
빛이 나아간 거리 d는
$$d = \overline{P_0P_1} + \overline{P_1P_2} + \cdots + \overline{P_{n-1}P_n} = \overline{OP_0}\cos\alpha$$
가 성립한다. (단, $\angle P_0P_1O > 90°$)

증명

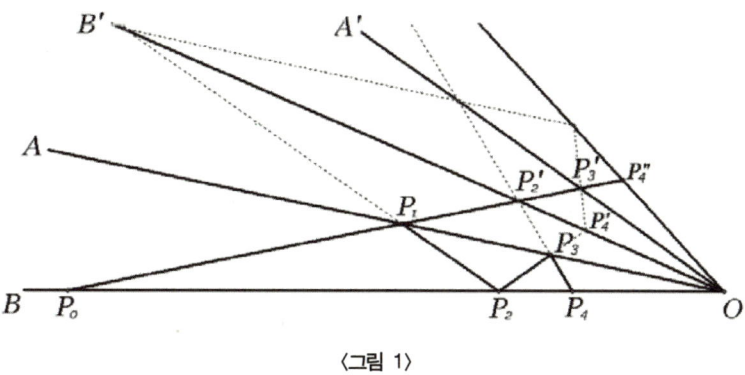

〈그림 1〉

〈그림 1〉에서 $\overline{OB}$를 $\overline{OA}$에 대해 대칭시킨 직선을 $\overline{OB'}$라 하고, $\overline{OA}$를 $\overline{OB'}$에 대칭시킨 직선을 $\overline{OA'}$라 하자. 이런 식으로 계속 대칭을 시켜나가면
$$\overline{P_1P_2} = \overline{P_1P_2'} , \ \overline{P_2P_3} = \overline{P_2'P_3} = \overline{P_2'P_3'} , \ \cdots$$
가 성립한다.

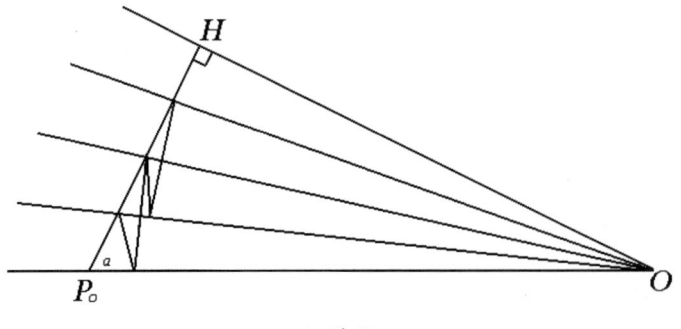

〈그림 2〉

조건에 의해

$$\overline{P_0P_1} + \overline{P_1P_2} + \cdots + \overline{P_{n-1}P_n} = \overline{P_0H} = \overline{OP_0}\cos\alpha$$

가 성립한다.

정리 38

삼각형 ABC에서 꼭짓점 A를 지나는 임의의 직선에 B, C에서 내린 수선의 발을 각각 D, E라 하고, $\overline{BC}$의 중점을 M이라 할 때 $\overline{MD} = \overline{ME}$가 성립한다.

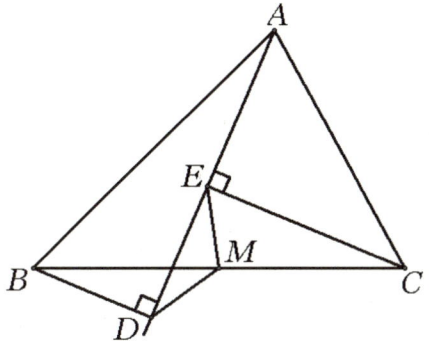

증명

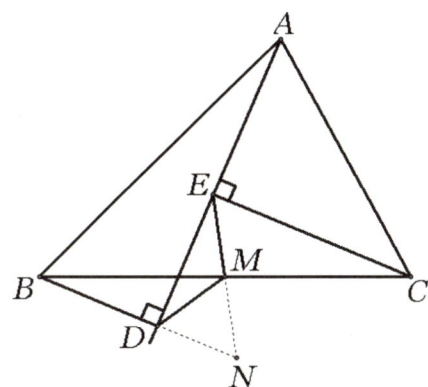

$\overline{EM}$과 $\overline{BD}$의 연장선의 교점을 N이라 하면 $\triangle BMN \equiv \triangle CME \,(ASA)$에서

$$\overline{EM} = \overline{NM}$$

이고, $\triangle DEN$이 직각삼각형이므로 M은 직각삼각형 DEN의 외심이 되어

$$\overline{EM} = \overline{DM} = \overline{NM}$$

이 성립한다.

삼각형의 내심은 방심을 꼭짓점으로 하는 삼각형의 수심이다.

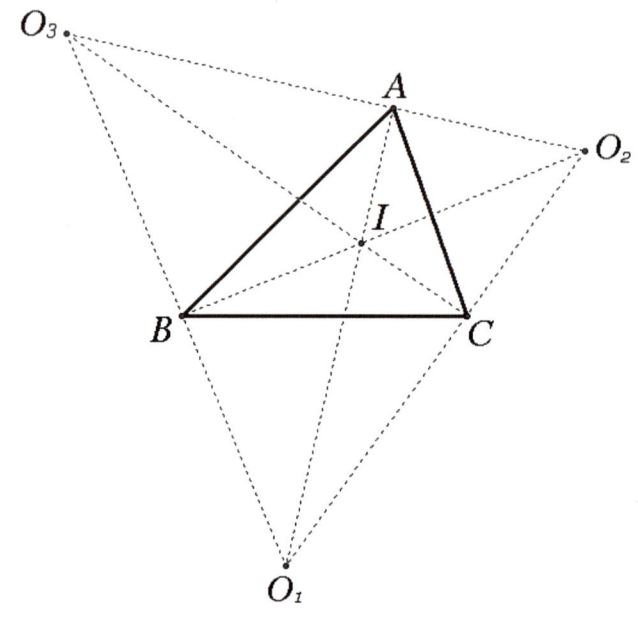

증명

$\overline{O_1A} \perp \overline{O_2O_3}$, $\overline{O_2B} \perp \overline{O_1O_3}$, $\overline{O_3C} \perp \overline{O_1O_2}$ 임을 보여주면 된다.

$\angle BAI = \angle CAI$, $\angle O_3AB = \angle O_2AC$ 이므로

$$\overline{IA} \perp \overline{O_2O_3}$$

이고, 같은 방식으로

$$\overline{IB} \perp \overline{O_3O_1}, \quad \overline{IC} \perp \overline{O_1O_2}$$

가 성립한다.

정리 40

$36°$, $72°$의 cos, sin 값을 유도하라.

증명

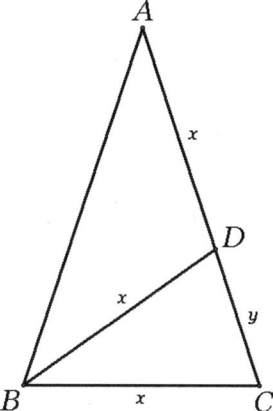

(1) $\angle A = 36°$, $\angle ABC = \angle ACB = 72°$인 이등변삼각형 ABC에서 $\overline{BC} = \overline{BD}$를 만족하는 점 D를 $\overline{AC}$ 위에 잡으면, $\triangle ABC \backsim \triangle BCD$ 이므로

$$\frac{x+y}{x} = \frac{x}{y}, \quad y = \frac{\sqrt{5}-1}{2}x$$

이다. 또, 삼각형 BCD에서 코사인 제2 정리에 의해

$$\cos 36° = \frac{x^2 + x^2 - y^2}{2x^2} = \frac{\sqrt{5}+1}{4}$$

이 성립한다.

(2) $\overline{CD}$의 중점을 M이라 하면 삼각형 BCD는 이등변삼각형이므로 $\overline{BM} \perp \overline{CD}$이므로 삼각형 BCM에서

$$\cos 72° = \frac{\overline{CM}}{\overline{BC}} = \frac{y}{2x} = \frac{\sqrt{5}-1}{4}$$

이 성립한다.

정리 41

직각삼각형 ABC의 직각의 꼭짓점 A에서 빗변 $\overline{BC}$에 내린 수선의 발을 H라 하면
$$\overline{AB} + \overline{AC} < \overline{BC} + \overline{AH}$$
가 성립한다.

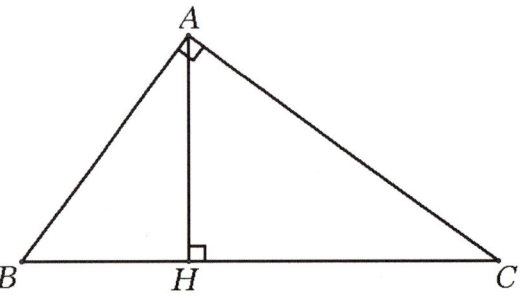

증명

(1) $\triangle ABC = \dfrac{1}{2} \times \overline{AB} \times \overline{AC} = \dfrac{1}{2} \times \overline{AH} \times \overline{BC}$ 에서
$$\overline{AB} \times \overline{AC} = \overline{AH} \times \overline{BC}$$

(2) 피타고라스의 정리에 의해
$$\overline{AB}^2 + \overline{AC}^2 = \overline{BC}^2$$

(3) 조건의 양변을 제곱하고 (1)(2)의 결과를 종합하면
$$
\begin{aligned}
(\overline{AB} + \overline{AC})^2 &= \overline{AB}^2 + \overline{AC}^2 + 2\,\overline{AB} \times \overline{AC} \\
&= \overline{BC}^2 + 2\,\overline{AH} \times \overline{BC} \\
&< \overline{BC}^2 + 2\,\overline{AH} \times \overline{BC} + \overline{AH}^2 \\
&= (\overline{BC} + \overline{AH})^2
\end{aligned}
$$
이므로 $\overline{AB} + \overline{AC} < \overline{BC} + \overline{AH}$가 성립한다.

삼각형 ABC에서 $\angle A : \angle B : \angle C = 4 : 2 : 1$ 일 때 $\dfrac{1}{a} + \dfrac{1}{b} = \dfrac{1}{c}$ 이 성립한다.

증명 1

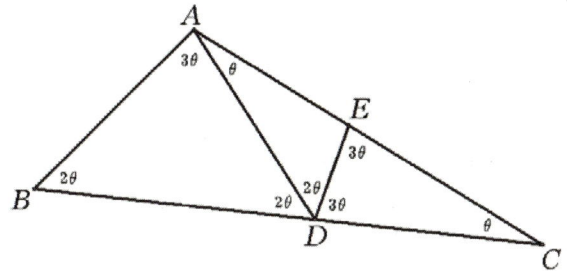

$\angle C = \theta$, $\angle B = 2\theta$, $\angle A = 4\theta$ 라고 하자.

$\overline{BC}$ 와 $\overline{CA}$ 위에 각각 $\overline{AB} = \overline{AD}$, $\overline{CD} = \overline{CE}$ 를 만족하는 점 D, E를 잡으면

$$\angle ABD = \angle ADB = 2\theta$$

$$\angle CDE = \angle CED = 3\theta$$

이다. 또 $\angle DAC = \angle DCA = \theta$ 에서

$$\overline{AB} = \overline{AD} = \overline{DC} = \overline{CE} = c$$

이다. $\triangle ABC \backsim \triangle EDA$ 이므로

$$\overline{AC} : \overline{BC} = \overline{EA} : \overline{AD}$$

$$b : a = (b-c) : c$$

주어진 식을 정리하면

$$\frac{1}{a} + \frac{1}{b} = \frac{1}{c}$$

이 성립한다.

증명 2

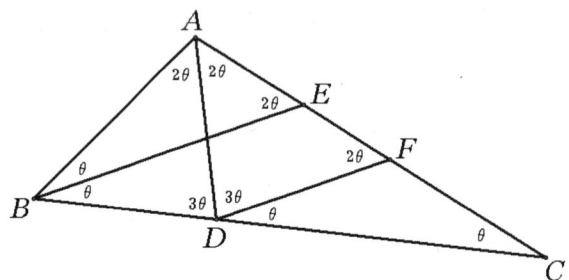

(1) $\triangle ABD$, $\triangle ADF$, $\triangle FDC$, $\triangle EBC$는 이등변삼각형이 되도록 그림과 같이 D, E, F를 잡으면

$$\overline{BD} = \overline{AD} = \overline{DF} = \overline{FC}, \ \overline{EB} = \overline{EC} \ \cdots\cdots\cdots\cdots ①$$

(2) $\triangle ABD \equiv \triangle AFD$에서

$$\overline{AB} = \overline{AF} = c \ \cdots\cdots\cdots\cdots\cdots\cdots\cdots\cdots\cdots ②$$

(3) $\triangle ADC \backsim \triangle EAB \backsim \triangle BAC$이므로

$$\frac{\overline{AD}}{\overline{AC}} = \frac{\overline{AE}}{\overline{BE}} = \frac{\overline{AB}}{\overline{BC}} \ \cdots\cdots\cdots\cdots\cdots\cdots ③$$

①에서 $\overline{AD} = \overline{FC} = b-c$를 ③에 대입하면

$$\frac{b-c}{b} = \frac{c}{a}$$

정리하면

$$ab - ac = bc, \ \frac{1}{c} = \frac{1}{a} + \frac{1}{b}$$

이 성립한다.

증명 3

주어진 조건을 만족하는 삼각형은 한 변의 길이가 a인 정칠각형에서 한 변(c),

긴 대각선(a), 짧은 대각선(b)으로 이루어진 삼각형이다.

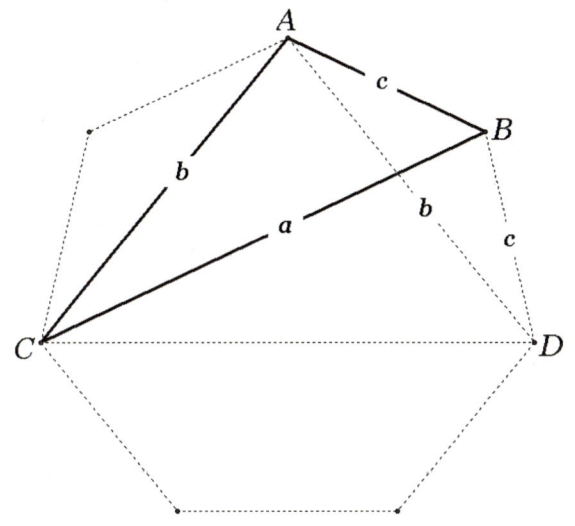

$\overline{AB} = \overline{BD} = c$, $\overline{AC} = \overline{AD} = b$, $\overline{BC} = \overline{CD} = a$라 하면 $\square ACDB$에서 톨레미의 정리
(**정리 40** 참조)에 의해

$$\overline{AD} \times \overline{BC} = \overline{AC} \times \overline{BD} + \overline{AB} \times \overline{CD}$$

$$ab = bc + ca$$

따라서 $\dfrac{1}{c} = \dfrac{1}{b} + \dfrac{1}{a}$ 이 성립한다.

정리 43

정사각형 $ABCD$에서 E는 $\overline{BC}$ 위의 임의의 점이고, E에서 $\overline{AE}$에 수직인 직선을 긋고 C에서 $\angle DCP$의 이등분선과 만나는 점을 F라 하면

$$\overline{AE} = \overline{EF}$$

가 성립한다.

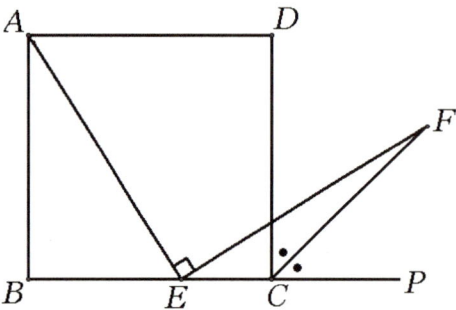

증명

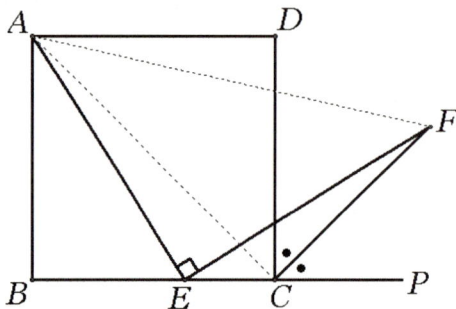

$\angle AEF = \angle ACF = 90°$에서 A, E, C, F는 한 원 위의 점이므로

$$\angle ACE = \angle AFE = 45°$$

가 성립한다. 그러므로 $\triangle AEF$는 직각이등변삼각형이 되어

$$\overline{AE} = \overline{EF}$$

가 성립한다.

정리 44

정사각형 $ABCD$ 의 한 변 $\overline{CD}$ 의 중점을 E 라 하고, $\overline{CE}$ 의 중점을 F라 하면

$$\angle DAE = \frac{1}{2} \angle BAF$$

가 성립한다.

증명

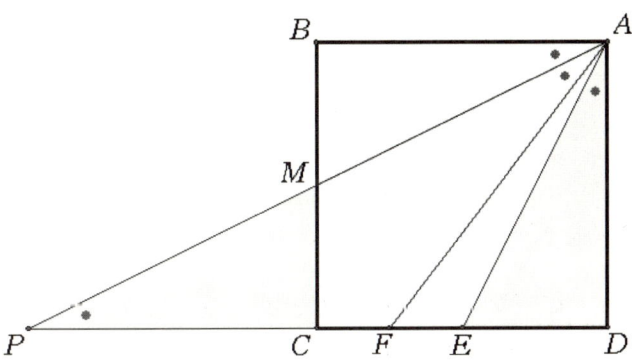

$\overline{BC}$의 중점을 M, $\overline{AM}$과 $\overline{DC}$의 연장선과의 교점을 P라 하면

$$\triangle PCM \equiv \triangle ABM \equiv \triangle ADE \,(ASA)$$

에서

$$\angle BAM = \angle MPC = \angle DAE \cdots\cdots\cdots\cdots\cdots\cdots\cdots ①$$

가 성립한다. 또, 정사각형 $ABCD$ 의 한 변의 길이를 $4x$ 라 하면

$$\overline{PF} = 5x \cdots\cdots\cdots\cdots\cdots\cdots\cdots\cdots\cdots\cdots\cdots\cdots\cdots ②$$

이고, 직각삼각형 ADF 에서 피타고라스의 정리에 의해

$$\overline{AF} = 5x \cdots\cdots\cdots\cdots\cdots\cdots\cdots\cdots\cdots\cdots\cdots\cdots\cdots ③$$

이므로 ②③에서

$$\angle MAF = \angle MPF \cdots\cdots\cdots\cdots\cdots\cdots\cdots\cdots\cdots ④$$

가 성립한다. ①④에서

$$\angle DAE = \frac{1}{2} \angle BAF = \frac{1}{2}(\angle BAM + \angle MPF)$$

가 성립한다.

정리 45

정사각형 $ABCD$에서 $\overline{BC}$, $\overline{CD}$의 중점을 각각 E, F라 하고, $\overline{AE}$, $\overline{BF}$의 교점을 P라 할 때 $\overline{PD} = \overline{AD}$가 성립한다.

증명

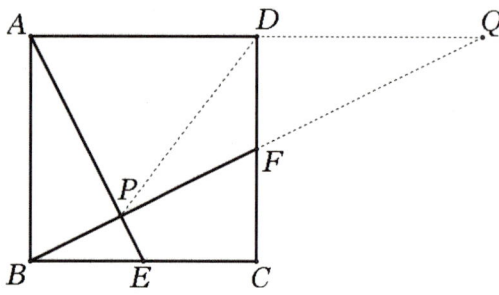

$\triangle ABE \equiv \triangle BCF$에서 $\angle BAE = \angle CBF$이므로 $\overline{AP} \perp \overline{BP}$이다.

$\overline{BF}$의 연장선이 $\overline{AD}$의 연장선과 만나는 점을 Q라 하면

$$\triangle BCF \equiv \triangle QDF \, (ASA)$$

이므로 D는 직각삼각형 APQ의 외심이 되어

$$\overline{PD} = \overline{AD} = \overline{DQ}$$

가 성립한다.

정리 46

$\overline{AD} /\!/ \overline{BC}$인 등변사다리꼴 $ABCD$에서 O는 대각선의 교점, 두 대각선 $\overline{AC}$, $\overline{BD}$가 이루는 각이 $60°$, P, Q, R은 각각 $\overline{OA}$, $\overline{OB}$, $\overline{CD}$의 중점일 때 $\triangle PQR$은 정삼각형이다.

증명

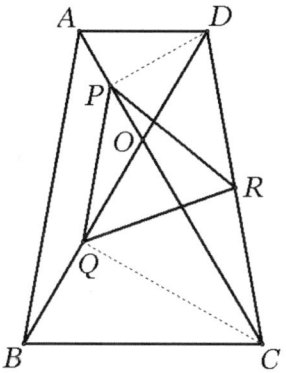

$\triangle OAD$, $\triangle OBC$는 정삼각형이므로

$$\overline{DP} \perp \overline{AO}, \ \overline{CQ} \perp \overline{BO}$$

이므로 D, P, Q, C는 한 원 위의 점이고, R은 그 원의 중심이다.

직각삼각형 DCP, DCQ에서

$$\overline{RD} = \overline{RP} = \overline{RQ} = \overline{RC} \cdots\cdots\cdots\cdots\cdots\cdots\cdots\cdots ①$$

이다. 또 삼각형의 중점연결정리에 의해

$$\overline{PQ} = \frac{1}{2}\overline{AB} = \frac{1}{2}\overline{CD} = \overline{RD} \cdots\cdots\cdots\cdots\cdots\cdots\cdots ②$$

이다. ①②에서 $\triangle PQR$은 정삼각형이 됨을 알 수 있다.

정리 47

A, B 는 직선 l 위에 있지 않는 두 점이다. $\overline{AB}$ 와 l 은 평행이 아닐 때, 다음의 조건을 만족하는 점 P 의 위치를 구하여라.

(1) $\overline{PA} + \overline{PB}$ 가 최소가 될 때

(2) $\overline{PA}^2 + \overline{PB}^2$ 이 최소가 될 때

증명

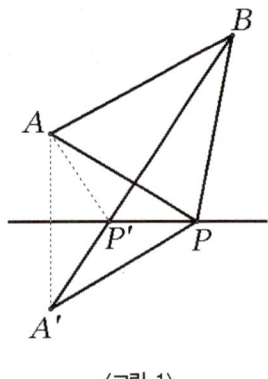

〈그림 1〉

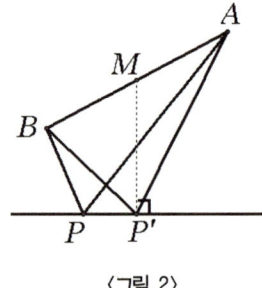

〈그림 2〉

(1) A 를 l 에 대해 대칭시킨 점을 A' 라 하면

$$\overline{PA} + \overline{PB} = \overline{PA'} + \overline{PB} \geq \overline{A'B}$$

이므로 $\overline{A'B}$ 와 l 이 만나는 점 P 가 되면 $\overline{PA} + \overline{PB}$ 가 최소가 된다.

(2) $\overline{AB}$ 의 중점을 M 이라 하면 파푸스의 중선정리에 의해

$$\overline{PA}^2 + \overline{PB}^2 = 2(\overline{PM}^2 + \overline{AM}^2)$$

이 성립하고, $\overline{AM}$ 은 정해진 값을 가지므로 $\overline{PM}$ 이 최소가 되면 된다.

최소가 되는 P 의 위치는 M 에서 l 에 내린 수선의 발이 P 가 될 때이다.

정리 48

A, B는 직선 l 위에 있지 않는 두 점이다. $\overline{AB}$와 l은 평행이 아닐 때 다음의 조건을 만족하는 점 P의 위치를 구하여라.

(1) $|PA - PB|$가 최소가 될 때

(2) $|PA - PB|$가 최대가 될 때

증명

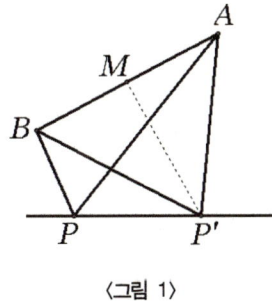
〈그림 1〉

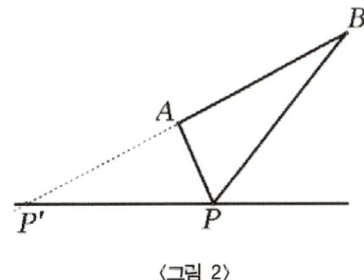
〈그림 2〉

(1) $|PA - PB| \geq 0$이므로 $\overline{AB}$의 수직이등분선이 l과 만나는 점을 P라 하면 $\triangle PAB$는 이등변삼각형이므로 $\overline{PA} = \overline{PB}$에서

$$|PA - PB| = 0$$

이므로 $\overline{AB}$의 수직이등분선이 l과 만나는 점이 $|\overline{PA} - \overline{PB}|$가 최소가 될 때이다.

(2) 삼각형의 결정조건에서 $|\overline{PA} - \overline{PB}| \leq \overline{AB}$이므로 $\overline{BA}$의 연장선과 l이 만날 때 $|PA - PB|$가 최대가 되고, 그 값은 $\overline{AB}$가 된다.

1. $\overline{BC}$를 지름의 양끝으로 하는 원에서 A는 $\overarc{BC}$의 중점이고, 열호 AC 위의 점을 P라 하고, A에서 $\overline{BP}$에 내린 수선의 발을 H라 할 때
$$\overline{BH} = \overline{HP} + \overline{CP}$$
가 성립함을 보여라.

2. $\overline{AB}$와 $\overline{CD}$가 평행한 등변사다리꼴 $ABCD$가 있다. $\overline{AB} = \overline{BC} = \overline{DA} = 1$, $\overline{CD} = 2$이다. 변 $\overline{AD}$ 위의 동점 E를 다음의 조건을 만족하도록 잡는다.
조건: E를 지나는 직선을 접는 선으로 하여 이 등변사다리꼴을 접었을 때, 꼭짓점 A가 변 $\overline{DC}$ 위에 닿을 수 있도록 하는 $\overline{DE}$의 길이의 최댓값을 구하여라.

3. $\overline{AB} \parallel \overline{CD}$인 사다리꼴 $ABCD$에서 $\overline{AB} = 11$, $\overline{BC} = 5$, $\overline{CD} = 19$, $\overline{DA} = 7$이다. $\angle A$, $\angle D$의 이등분선이 P에서 만나고, $\angle B$, $\angle C$의 이등분선이 Q에서 만날 때 육각형 $ABQCDP$의 넓이를 구하여라.

4. 삼각형 ABC의 넓이는 1이다. $\overline{AB}$, $\overline{AC}$ 위의 점 E, F가 $\overline{EF} \parallel \overline{BC}$, $\triangle AEF = \triangle EBC$를 만족할 때 $\triangle EFC$의 넓이를 구하여라.

5. 사각형 $ABCD$에서 $\angle A = 135°$, $\angle B = 75°$, $\overline{BC} = \overline{CD} = \overline{DA} = 1$을 만족할 때 $\overline{AB}$의 길이를 구하여라.

6. $\overline{BC} /\!/ \overline{AD}$인 사다리꼴 $ABCD$에서 $\overline{BC} = 1000$, $\overline{AD} = 2010$이다.

$\angle A = 43°$, $\angle D = 47°$이고 $\overline{BC}$, $\overline{AD}$의 중점을 각각 M, N이라 할 때 $\overline{MN}$의 길이를 구하여라.

7. 그림과 같이 $\overline{AB} = \overline{BC}$, $\overline{AE} = \overline{DE}$이고, $\angle ABC = \angle AED = 90°$인 오각형 $ABCDE$가 있다. M, N은 각각 $\overline{CD}$, $\overline{BE}$의 중점이고, $\overline{AB} = 20$, $\overline{AE} = 10$, $\overline{MN} = 15$일 때 오각형 $ABCDE$의 넓이를 구하여라.

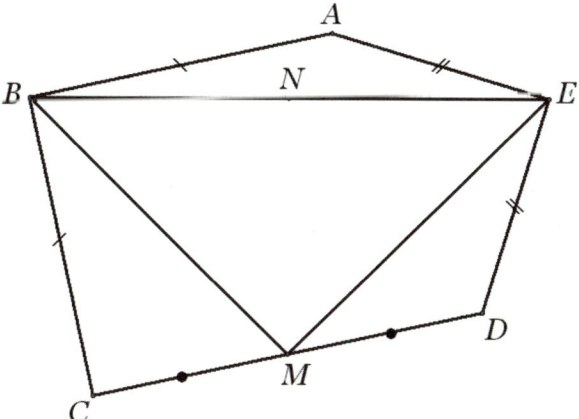

8. 정삼각형 ABC의 변 $\overline{BC}$ 위에 점 D가 있다. D에서 $\overline{BC}$와 접하는 원이 $\overline{AB}$와 M, N에서 만나고 $\overline{AC}$와 P, Q에서 만난다.

$$\overline{BD} + \overline{AM} + \overline{AN} = \overline{CD} + \overline{AP} + \overline{AQ}$$

임을 보여라.

03

도형의 넓이와
관련된 정리들

삼각형 ABC 의 바깥쪽에 $\overline{AB}$, $\overline{AC}$ 를 각각 한 변으로 하는 정사각형 $ABDE$, $ACFG$ 를 만들고 E 와 G 를 이으면
$$\triangle AEG = \triangle ABC$$
가 성립한다.

증명

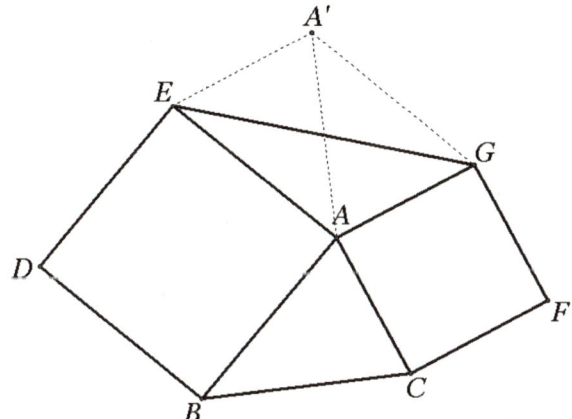

E 를 지나고 $\overline{AG}$ 와 평행한 직선과 G 를 지나고 $\overline{AE}$ 와 평행한 직선의 교점을 A' 라 하면 사각형 $AGA'E$ 는 평행사변형이다.
$$\overline{EA'} = \overline{AG} = \overline{AC}, \ \overline{EA} = \overline{AB}$$
$$\angle A'EA = 180° - \angle EAG = \angle BAC$$
이므로
$$\triangle ABC \equiv \triangle EAA' \,(SAS)$$
이다. 또
$$\triangle AEG = \triangle EAA' = \frac{1}{2}\,\square AGA'E$$
이므로
$$\triangle AEG = \triangle ABC$$
가 성립한다.

정리 50

삼각형 ABC의 밑변 $\overline{BC}$ 위의 임의의 점을 D라 하고, B와 C에서 $\overline{DA}$에 평행한 직선을 그어 $\overline{CA}$, $\overline{BA}$의 연장선과 만나는 점을 각각 E, F라 하면
$$\triangle DEF = 2\triangle ABC$$
가 성립한다.

증명

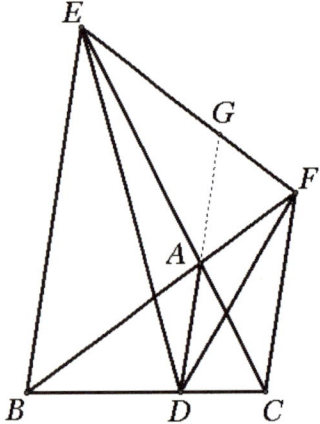

사각형 $BCFE$는 사다리꼴이므로 **정리 33**에 의해
$\overline{AD} = \overline{AG}$이므로
$$\triangle BAD = \triangle EAD = \triangle EAG$$
$$\triangle CAD = \triangle FAD = \triangle FAG$$
가 되어
$$\triangle DEF = 2\triangle ABC$$
가 성립한다.

정리 51

평행사변형 $ABCD$에서 대각선 위의 점 P를 지나고 두 변 $\overline{AB}$, $\overline{BC}$에 평행한 선분을 그어 만든 두 개의 사각형은 넓이가 같다. 즉, 그림에서 $\square AEPG = \square PHCF$가 성립한다.

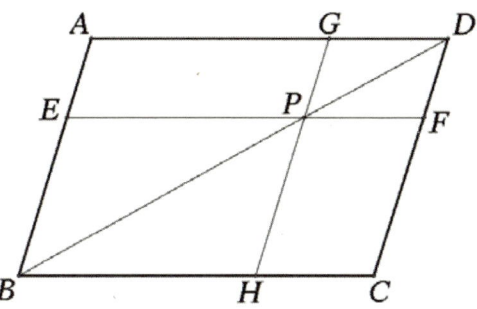

증명

$\square EBHP$, $\square GPFD$는 평행사변형이므로
$$\triangle PEB = \triangle PHB,\ \triangle PGD = \triangle PFD \quad\cdots\cdots\cdots ①$$
가 성립한다. 또
$$\triangle ABD = \triangle BCD \quad\cdots\cdots\cdots ②$$
가 성립하므로 ①②에서 $\square AEPG = \square PHCF$가 성립한다.

정리 52

평행사변형 $ABCD$에서 점 D를 지나는 임의의 직선이 $\overline{BC}$와 E, $\overline{AB}$의 연장과 F에서 만나는 직선을 그으면 $\triangle ABE = \triangle CEF$가 성립한다.

증명

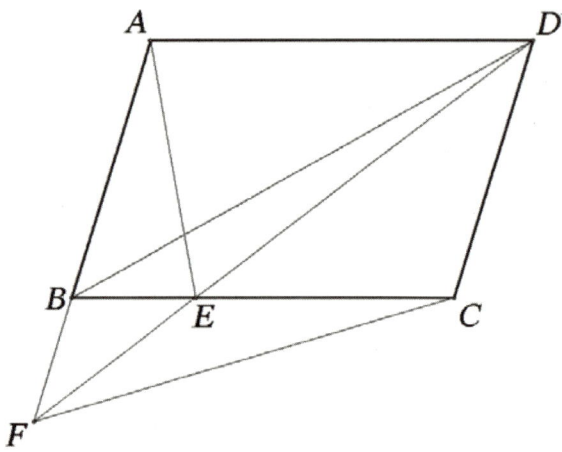

$\overline{AD} /\!/ \overline{BC}$ 이므로

$$\triangle ABE = \triangle DBE \quad \cdots\cdots\cdots① $$

가 성립한다. 또 $\overline{AB} /\!/ \overline{CD}$ 이므로

$$\triangle BCD = \triangle FCD$$

에서 공통인 부분 $\triangle DEC$를 빼면

$$\triangle DBE = \triangle CEF \quad \cdots\cdots\cdots② $$

가 성립한다.
①②에서

$$\triangle ABE = \triangle CEF$$

가 성립한다.

평행사변형 $ABCD$의 대각선 $\overline{AC}$에 평행한 직선이 $\overline{AB}$, $\overline{BC}$와 만나는 점을 각각 E, F라 하면 $\triangle ADE = \triangle CDF$가 성립한다.

증명

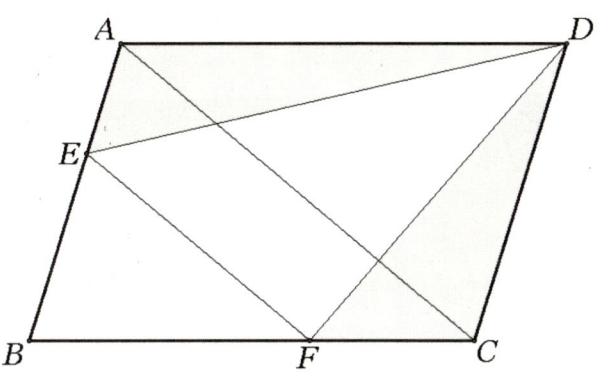

$\overline{AB} /\!/ \overline{CD}$ 이므로

$$\triangle ADE = \triangle ACE \quad\cdots\cdots\cdots\cdots\cdots\cdots\cdots\cdots① $$

$\overline{AC} /\!/ \overline{EF}$ 이므로

$$\triangle ACE = \triangle ACF \quad\cdots\cdots\cdots\cdots\cdots\cdots\cdots\cdots② $$

$\overline{AD} /\!/ \overline{BC}$ 이므로

$$\triangle ACF = \triangle CDF \quad\cdots\cdots\cdots\cdots\cdots\cdots\cdots\cdots③ $$

가 성립한다. ①③에서

$$\triangle ADE = \triangle CDF$$

가 성립한다.

정리 54

평행사변형 $ABCD$의 변 $\overline{BC}$ 위에 점 E를 잡고, 선분 $\overline{AE}$ 위에 점 F를 잡으면
$$\triangle EFD = \triangle BFC$$
가 성립한다.

증명

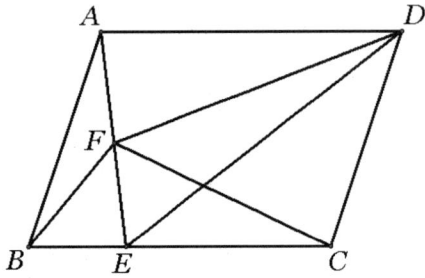

$$\triangle EFD + \triangle AFD = \triangle ADE = \frac{1}{2}\square ABCD$$

$$\triangle BFC + \triangle AFD = \frac{1}{2}\square ABCD$$

이므로
$$\triangle EFD = \triangle BFC$$
가 성립한다.

정리 55

평행사변형 $ABCD$ 내부의 점 P를 지나 각 변에 평행한 직선을 긋고, $\overline{AB}$, $\overline{BC}$, $\overline{CD}$, $\overline{DA}$ 와 만나는 점을 차례로 E, F, G, H라 할 때 삼각형 PAC의 넓이의 두 배는 사각형 $PGDH$과 사각형 $PEBF$의 차와 같다. 즉

$$2\triangle PAC = |\,\square PEBF - \square PGDH\,|$$

가 성립한다.

증명

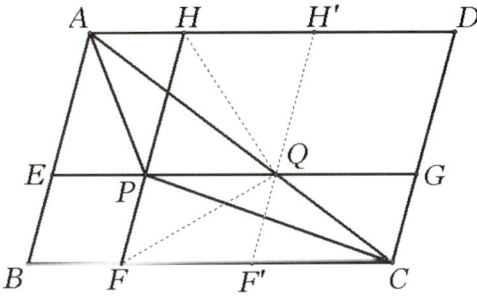

(1) **정리 51**에 의해 $\square EBF'Q = \square DH'QG$이다.

(2) $\triangle PAC = \triangle PAQ + \triangle PCQ$

$\qquad\quad = \triangle PHQ + \triangle PFQ$

$\qquad\quad = \dfrac{1}{2}(\square PGDH - \square DH'QG) + \dfrac{1}{2}(\square EBF'Q - \square PEBF)$

$\qquad\quad = \dfrac{1}{2}(\square PGDH - \square PEBF)$

가 성립한다.

평행사변형 $ABCD$에서 대각선의 교점을 O, $\triangle OAB$ 내부의 한 점을 P라 하면

$$\triangle PCD = \triangle PAB + \triangle PAC + \triangle PBD$$

가 성립한다.

증명

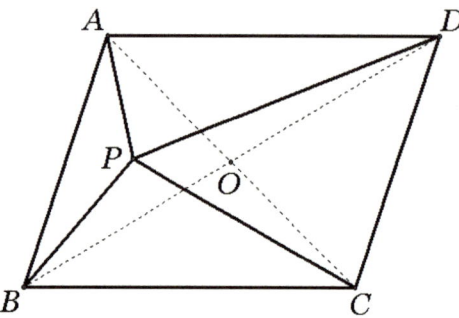

(1) $\triangle PAB + \triangle PCD = \dfrac{1}{2}\square ABCD$

(2) $\triangle PAB + \triangle PAC + \triangle PBD$

$\qquad = (\triangle PAB + \triangle PAC) + (\triangle PBD + \triangle PAB) - \triangle PAB$

$\qquad = (\triangle ABC - \triangle PBC) + (\triangle ABD - \triangle PAD) - \triangle PAB$

$\qquad = \triangle ABC + \triangle ABD - (\triangle PBC + \triangle PAD) - \triangle PAB$

$\qquad = \square ABCD - \dfrac{1}{2}\square ABCD - \triangle PAB$

$\qquad = \dfrac{1}{2}\square ABCD - \triangle PAB$

$\qquad = \triangle PAB + \triangle PCD - \triangle PAB$

$\qquad = \triangle PCD$

가 성립한다.

정리 57

밑변 $\overline{BC}$를 공유하는 두 삼각형 ABC, DBC가 $\overline{BC}$에 대해 같은 쪽에 있다. $\overline{AB}, \overline{AC}, \overline{DB}, \overline{DC}$의 중점을 각각 P, Q, R, S라 하면

$$\square PRSQ = \frac{1}{2} \mid \triangle ABC - \triangle DBC \mid$$

가 성립한다.

증명

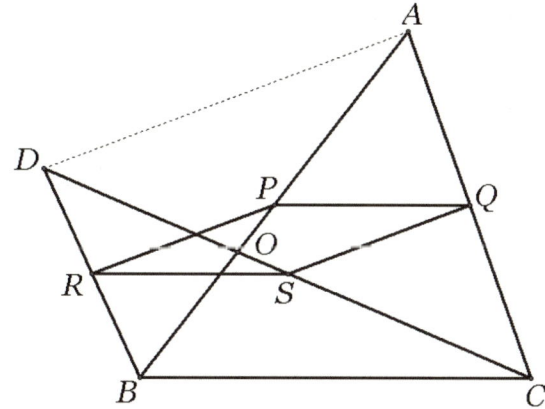

(1) $\mid \triangle ABC - \triangle DBC \mid = \mid \triangle ACO - \triangle BDO \mid$
$= \mid \triangle ABD - \triangle ACD \mid$
$= \mid \triangle BCD - \triangle ABC \mid$

(2) $\square PRSQ = \mid \square ADBC - \square ADRP - \square BCSR - \triangle CQS - \triangle APQ \mid$

$= \left| \square ADBC - \frac{3}{4}(\triangle ABD + \triangle BCD) - \frac{1}{4}(\triangle ACD + \triangle ABC) \right|$

$= \left| \triangle ABD + \triangle ABC - \frac{3}{4}(\triangle ABD + \triangle BCD) - \frac{1}{4}(\triangle ACD + \triangle ABC) \right|$

$= \left| \frac{1}{4}(\triangle ABD - \triangle ACD) + \frac{3}{4}(\triangle ABC - \triangle BCD) \right|$

$= \frac{1}{2} \mid \triangle ABC - \triangle DBC \mid$

가 성립한다.

정리 58

평행사변형 $ABCD$ 내부의 점 O를 지나 $\overline{AD}$, $\overline{AB}$에 평행한 직선을 긋고, $\overline{AB}$, $\overline{CD}$ 및 $\overline{AD}$, $\overline{BC}$와의 교점을 각각 E, F, G, H라 하면

$$\triangle AHF = \frac{1}{2}(\square ABCD - \square AEOG)$$

가 성립한다.

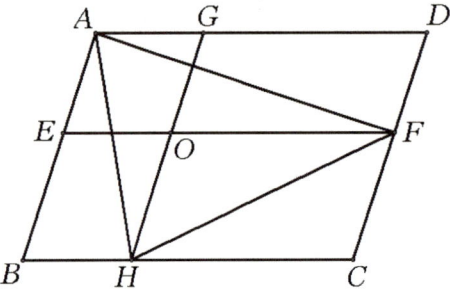

증명

$$\triangle AHF = \triangle AOH + \triangle OHF + \triangle AOF$$
$$= \triangle EOH + \triangle OHF + \triangle GOF$$
$$= \frac{1}{2}(\square EBHO + \square OHCF + \square GOFD)$$
$$= \frac{1}{2}(\square ABCD - \square AEOG)$$

가 성립한다.

정리 59

사각형 $ABCD$의 꼭짓점 A를 지나고 $\overline{BC}$와 평행한 직선이 $\overline{BD}$와 만나는 점을 E라 하고, 꼭짓점 B를 지나고 $\overline{AD}$에 평행한 직선이 $\overline{AC}$와 만나는 점을 F라 할 때 $\overline{EF} /\!/ \overline{CD}$가 성립한다.

증명

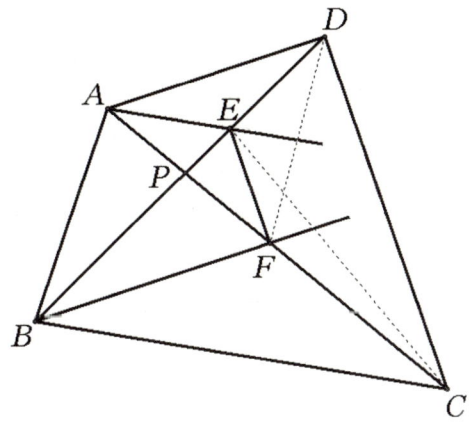

$\triangle PAB = \triangle PCE,\ \triangle PAB = \triangle PDF$에서 $\triangle PCE = \triangle PDF$이므로

$$\triangle CEF = \triangle DEF$$

가 되어

$$\overline{EF} /\!/ \overline{CD}$$

가 성립한다.

정리 60

사각형 $ABCD$에서 $\overline{AC}$, $\overline{BD}$의 중점을 각각 M, N이라 하고, $\overline{BC}$, $\overline{AD}$의 연장선의 교점을 P라 할 때

$$\triangle PMN = \frac{1}{4}\square ABCD$$

가 성립한다.

증명

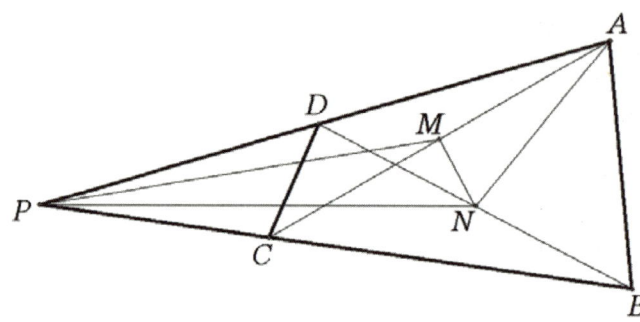

먼저 (1)~(5)가 성립함을 염두에 두자.

(1) $\triangle PAB = \triangle PCD + \square ABCD$

(2) $\triangle PAM = \dfrac{1}{2}\triangle PAC = \dfrac{1}{2}(\triangle PCD + \triangle ACD)$

(3) $\triangle PBN = \dfrac{1}{2}\triangle PBD = \dfrac{1}{2}(\triangle PCD + \triangle BCD)$

(4) $\triangle ABD + \triangle BCD = \square ABCD$

(5) $\square ANCD = \triangle ADN + \triangle CDN = \dfrac{1}{2}(\triangle ABD + \triangle BCD) = \dfrac{1}{2}\square ABCD$

$$
\begin{aligned}
\triangle PMN &= \triangle PAB - \triangle PAM - \triangle PBN - \triangle AMN - \triangle ABN \\
&= \triangle PCD + \square ABCD - \frac{1}{2}(\triangle PAC + \triangle PBD) - \frac{1}{2}(\triangle ACN + \triangle ABD) \\
&= \triangle PCD + \square ABCD - \frac{1}{2}(\triangle PCD + \triangle ACD) - \frac{1}{2}(\triangle PCD + \triangle BCD) \\
&\quad - \frac{1}{2}(\triangle ACN + \triangle ABD) \\
&= \square ABCD - \frac{1}{2}(\triangle ACD + \triangle BCD + \triangle ACN + \triangle ABD) \\
&= \frac{1}{2}\square ABCD - \frac{1}{2}(\triangle ACD + \triangle ACN) \\
&= \frac{1}{2}\square ABCD - \frac{1}{2}\square ANCD \\
&= \frac{1}{4}\square ABCD
\end{aligned}
$$

가 성립한다.

정리 61

삼각형 ABC에서 내부의 한 점 O가 있을 때 $\overline{AO}$의 연장선이 $\overline{BC}$와 만나는 점을 D라 하면
$$\triangle ABO : \triangle ACO = \overline{BD} : \overline{CD}$$
가 성립한다.

증명

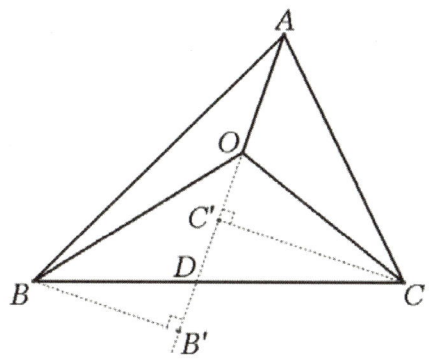

B, C에서 $\overline{AD}$ 혹은 $\overline{AD}$의 연장선 위에 내린 수선의 발을 각각 B', C'라 하면
$$\triangle ABO : \triangle ACO = \overline{BB'} : \overline{CC'} \quad\cdots\cdots\cdots\cdots\cdots\cdots\cdots ①$$
이고, $\triangle BB'D \backsim \triangle CC'D$이므로
$$\overline{BB'} : \overline{CC'} = \overline{BD} : \overline{CD} \quad\cdots\cdots\cdots\cdots\cdots\cdots\cdots ②$$
가 성립한다. ①②에서
$$\triangle ABO : \triangle ACO = \overline{BD} : \overline{CD}$$
가 성립한다.

정리 62 체바의 정리(Ceva's theorem)

삼각형 ABC의 세 변 $\overline{BC}$, $\overline{CA}$, $\overline{AB}$ 위의 점 D, E, F에 대해 $\overline{AD}$, $\overline{BE}$, $\overline{CF}$가 한 점에서 만나면

$$\frac{\overline{BD}}{\overline{DC}} \cdot \frac{\overline{CE}}{\overline{EA}} \cdot \frac{\overline{AF}}{\overline{FB}} = 1$$

이 성립한다.

증명 1

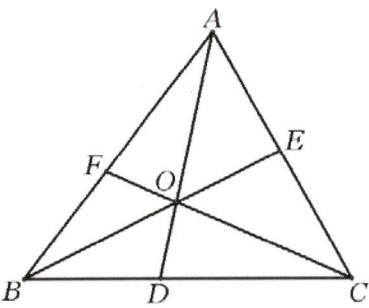

$$\frac{\overline{BD}}{\overline{DC}} = \frac{\triangle ABO}{\triangle CAO}, \quad \frac{\overline{CE}}{\overline{EA}} = \frac{\triangle BCO}{\triangle ABO}, \quad \frac{\overline{AF}}{\overline{FA}} = \frac{\triangle CAO}{\triangle BCO}$$

에서 변끼리 곱하면

$$\frac{\overline{BD}}{\overline{CD}} \cdot \frac{\overline{CE}}{\overline{EA}} \cdot \frac{\overline{AF}}{\overline{FB}} = 1$$

이 성립한다.

증명 2

$\triangle ABD - \overline{FOC}$, $\triangle ADC - \overline{BOE}$에서 각각 메넬라우스 정리를 적용하면

$$\frac{\overline{AF}}{\overline{BF}} \cdot \frac{\overline{BC}}{\overline{DC}} \cdot \frac{\overline{DO}}{\overline{AO}} = 1 \quad \cdots\cdots\cdots\cdots\cdots\cdots\cdots\cdots\cdots ①$$

$$\frac{\overline{AO}}{\overline{DO}} \cdot \frac{\overline{DB}}{\overline{CB}} \cdot \frac{\overline{CE}}{\overline{AE}} = 1 \quad \cdots\cdots\cdots\cdots\cdots\cdots\cdots\cdots\cdots ②$$

①②의 각 변을 각각 곱하면

$$\frac{\overline{BD}}{\overline{DC}} \cdot \frac{\overline{CE}}{\overline{EA}} \cdot \frac{\overline{AF}}{\overline{FB}} = 1$$

이 성립한다.

정리 63 제르곤(Gergonne)의 정리

삼각형 ABC 내부의 점 O에 대해 $\overline{AO}$, $\overline{BO}$, $\overline{CO}$의 연장선이 대변과 만나는 점을 D, E, F라 하면 $\dfrac{\overline{OD}}{\overline{AD}} + \dfrac{\overline{OE}}{\overline{BE}} + \dfrac{\overline{OF}}{\overline{CF}} = 1$이 성립한다.

증명

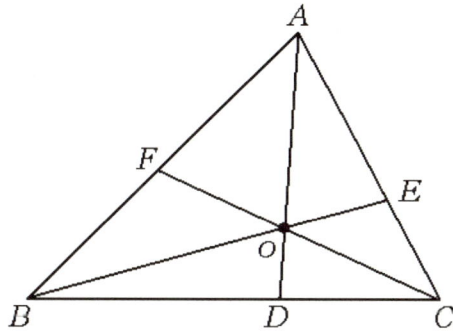

$$\frac{\overline{OD}}{\overline{AD}} = \frac{\triangle OBC}{\triangle ABC}$$

$$\frac{\overline{OE}}{\overline{BE}} = \frac{\triangle OCA}{\triangle ABC}$$

$$\frac{\overline{OF}}{\overline{CF}} = \frac{\triangle OAB}{\triangle ABC}$$

에서 각 변을 더하면

$$\frac{\overline{OD}}{\overline{AD}} + \frac{\overline{OE}}{\overline{BE}} + \frac{\overline{OF}}{\overline{CF}} = \frac{\triangle OBC}{\triangle ABC} + \frac{\triangle OCA}{\triangle ABC} + \frac{\triangle OAB}{\triangle ABC}$$

$$= \frac{\triangle OBC + \triangle OCA + \triangle OAB}{\triangle ABC}$$

$$= 1$$

이 성립한다.

정리 64

삼각형 ABC 내부의 점 P를 지나고 변 $\overline{BC}$, $\overline{CA}$, $\overline{AB}$에 평행인 세 직선이
세 변과 만나는 점을 각각 D, E, F, G, H, K라 하면

$$\frac{\overline{DE}}{\overline{BC}} + \frac{\overline{FG}}{\overline{CA}} + \frac{\overline{HK}}{\overline{AB}} = 2$$

가 성립한다.

증명

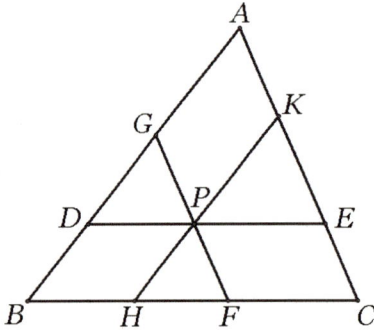

(1) $\square DBHP$, $\square PFCE$는 평행사변형이므로 $\overline{DP} = \overline{BH}$, $\overline{PE} = \overline{FC}$이다.

(2) $\triangle ABC \sim \triangle GBF$이므로

$$\frac{\overline{FG}}{\overline{CA}} = \frac{\overline{BF}}{\overline{BC}} \quad \text{··①}$$

$\triangle ABC \sim \triangle KHC$이므로

$$\frac{\overline{HK}}{\overline{AB}} = \frac{\overline{CH}}{\overline{BC}} \quad \text{··②}$$

①②에서

$$\frac{\overline{DE}}{\overline{BC}} + \frac{\overline{FG}}{\overline{CA}} + \frac{\overline{HK}}{\overline{AB}} = \frac{\overline{DE}}{\overline{BC}} + \frac{\overline{BF}}{\overline{BC}} + \frac{\overline{CH}}{\overline{BC}}$$

$$= \frac{(\overline{DP} + \overline{PE}) + (\overline{BH} + \overline{HF}) + (\overline{HF} + \overline{FC})}{\overline{BC}}$$

$$= \frac{(\overline{BH} + \overline{FC}) + (\overline{BH} + \overline{HF}) + (\overline{HF} + \overline{FC})}{\overline{BC}}$$

$$= 2$$

가 성립한다.

정리 65

사다리꼴 $ABCD$의 밑변 $\overline{BC}$에 평행하고 사다리꼴 $ABCD$의 넓이를 이등분하는 직선과 변 $\overline{AB}$, $\overline{CD}$와의 교점을 E, F라 하면
$$\overline{AD}^2 + \overline{BC}^2 = 2\,\overline{EF}^2$$
이 성립한다.

증명

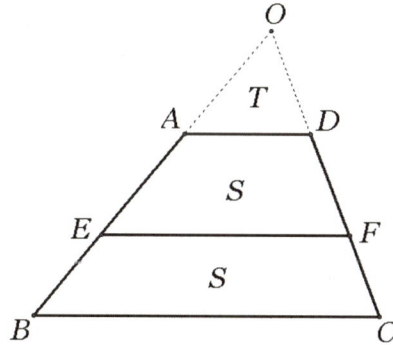

$\overline{BA}$, $\overline{CD}$의 연장선의 교점을 O라 하면
$$\triangle OAD \backsim \triangle OEF \backsim \triangle OBC$$
이고, 삼각형 OAD의 넓이를 T, 사다리꼴 $AEFD$, $EBCF$의 넓이를 S라 두면
$$2 \times \triangle OEF = \triangle OAD + \triangle OBC \quad \cdots\cdots\cdots\cdots\cdots\cdots\cdots ①$$
이다. 또
$$\triangle OAD : \triangle OEF : \triangle OBC = \overline{AD}^2 : \overline{EF}^2 : \overline{BC}^2 \quad \cdots\cdots\cdots ②$$
이므로 ①②에서
$$2 \times \overline{EF}^2 = \overline{AD}^2 + \overline{BC}^2$$
이 성립한다.

정리 66 **아르키메데스의 문제**

주어진 반원의 지름 $\overline{AB}$ 위의 한 점 C 를 지나고 $\overline{AB}$ 와 수직인 직선이 그 원과 만나는 점을 D라 한다. $\overline{AC}$, $\overline{BC}$ 를 각각의 지름으로 하는 반원을 처음 반원의 내부에 그릴 때 세 반원으로 된 곡선 도형의 넓이는 $\overline{CD}$ 를 지름으로 하는 원의 넓이와 같다.

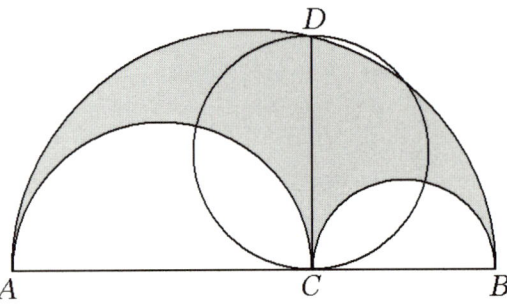

증명

$\overline{AC} = 2a$, $\overline{BC} = 2b$ 라 하면, $\overline{CD}^2 = \overline{AC} \cdot \overline{BC} = 4ab$ 이다.

(1) $\overline{AB}$ 를 지름으로 하는 반원의 넓이 $= \dfrac{1}{2}\pi(a+b)^2$

(2) $\overline{AC}$ 를 지름으로 하는 반원의 넓이 $= \dfrac{1}{2}\pi a^2$

(3) $\overline{BC}$ 를 지름으로 하는 반원의 넓이 $= \dfrac{1}{2}\pi b^2$

(4) $\overline{CD}$ 를 지름으로 하는 원의 넓이 $= \pi ab$

(5) 색칠한 부분의 넓이 $= \pi ab$

(4)(5)에서 명제가 성립한다.

정리 67 넓이 관련 문제(부른의 문제)

사각형 $ABCD$에서 대각선 $\overline{AC}$, $\overline{BD}$의 중점을 각각 M, N이라 하고, M, N을 지나고 $\overline{BD}$, $\overline{AC}$에 평행한 두 직선의 교점을 O라 할 때, O를 각 변의 중점과 연결하면, □$ABCD$의 넓이는 이들 네 선분에 의해 4등분된다.

증명

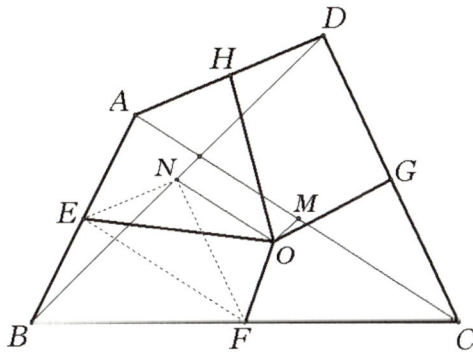

$\triangle BEN = \dfrac{1}{4}\triangle ABD$, $\triangle BFN = \dfrac{1}{4}\triangle BCD$ 이므로

$$\square BFNE = \dfrac{1}{4}\square ABCD$$

$\overline{ON} /\!/ \overline{AC} /\!/ \overline{EF}$에서 $\triangle NEF = \triangle OEF$이므로

$$\square BFNE = \square BFOE = \dfrac{1}{4}\square ABCD$$

같은 방법으로

$$\square OFCG = \square OGDH = \square OHAE = \dfrac{1}{4}\square ABCD$$

가 성립한다.

정리 68 넓이 관련 문제(벌렛의 문제)

∠$A = 90°$인 직각삼각형 ABC의 내접원이 빗변 $\overline{BC}$와 접하는 점을 D라 하면 직각삼각형 ABC의 넓이는 $\overline{BD}$와 $\overline{DC}$의 곱과 같다.

증명

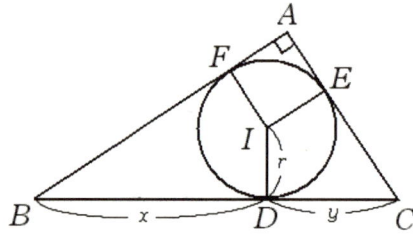

$\overline{BD} = x, \ \overline{DC} = y$라 두면

$\overline{AB} = \overline{BF} + \overline{FA} = x + r, \ \overline{AC} = \overline{AE} + \overline{EC} = y + r$

$$\triangle ABC = \frac{1}{2}\overline{AB} \times \overline{AC} = \frac{1}{2}(x+r)(y+r)$$

$$= \frac{1}{2}(xy + xr + yr + r^2)$$

$$= \frac{1}{2}(xy + \square BDIF + \square IDCE + \square AFIE)$$

$$= \frac{1}{2}(xy + \triangle ABC)$$

이므로 $\triangle ABC = xy$ 즉,

$$\triangle ABC = \overline{BD} \times \overline{DC}$$

가 성립한다.

정리 69 넓이 관련 문제(파푸스의 문제)

삼각형 ABC의 변 $\overline{AB}$, $\overline{AC}$를 한 변으로 하는 평행사변형 $\square ABDE$, $\square ACGF$를 변의 바깥쪽으로 그리고 $\overline{DE}$, $\overline{GF}$의 연장선의 교점 H와 A를 연결하면, 두 평행사변형의 넓이의 합은 $\overline{BC}$, $\overline{AH}$를 두 변으로 하고 $\angle ABC + \angle DHA$를 사잇각으로 하는 평행사변형의 넓이와 같다.

증명

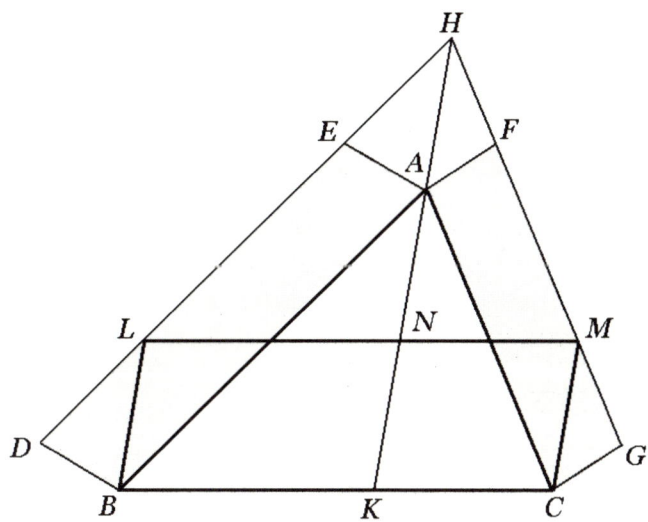

$\overline{BL}$ ∥ $\overline{AH}$ ∥ $\overline{MC}$에서 $\square BAHL$, $\square CAHM$은 모두 평행사변형이므로

$$\triangle DBL \equiv \triangle EAH\,(ASA) \begin{cases} \overline{BL} = \overline{AH} \\ \angle DBL = \angle EAH \\ \angle DLB = \angle EHA \end{cases}$$

$$\triangle CGM \equiv \triangle AFH\,(ASA) \begin{cases} \overline{CM} = \overline{AH} \\ \angle GCM = \angle FAH \\ \angle CMG = \angle AHF \end{cases}$$

를 만족하고,

$$\square DBAE = \square BAHL = \square BKNL$$
$$\square CGFA = \square CMHA = \square CMNK$$

에서

$$\square DBAE + \square CGFA = \square BCML$$

이 성립한다.

정리 70 삼각형의 넓이에 관한 헤론의 정리

삼각형 ABC에서 $s = \dfrac{a+b+c}{2}$ 일 때 $\triangle ABC = \sqrt{s(s-a)(s-b)(s-c)}$ 가 성립한다.

증명 1

$S = \dfrac{1}{2}bc\sin A$ 에서 정리하면

$$\begin{aligned}
4S^2 &= b^2c^2\sin^2 A \\
&= b^2c^2(1-\cos^2 A) \\
&= b^2c^2(1-\cos A)(1+\cos A) \quad \cdots\cdots\cdots\cdots\cdots ①
\end{aligned}$$

$\cos A = \dfrac{b^2+c^2-a^2}{2bc}$ 를 ①식에 대입하고 $a+b+c = 2s$ 라 놓으면

$$a-b+c = 2(s-b) \ , \ a+b-c = 2(s-c) \ , \ -a+b+c = 2(s-a)$$

$$\begin{aligned}
1-\cos A &= 1 - \frac{b^2+c^2-a^2}{2bc} = \frac{a^2-(b-c)^2}{2bc} \\
&= \frac{(a-b+c)(a+b-c)}{2bc} \\
&= \frac{2(s-b)(s-c)}{bc} \quad \cdots\cdots\cdots\cdots\cdots ②
\end{aligned}$$

$$\begin{aligned}
1+\cos A &= 1 + \frac{b^2+c^2-a^2}{2bc} = \frac{(b+c)^2-a^2}{2bc} \\
&= \frac{(a+b+c)(-a+b+c)}{2bc} \\
&= \frac{2s(s-a)}{bc} \quad \cdots\cdots\cdots\cdots\cdots ③
\end{aligned}$$

②③을 ①에 대입해서 정리하면

$$S^2 = s(s-a)(s-b)(s-c)$$
$$S = \sqrt{s(s-a)(s-b)(s-c)}$$

가 성립한다.

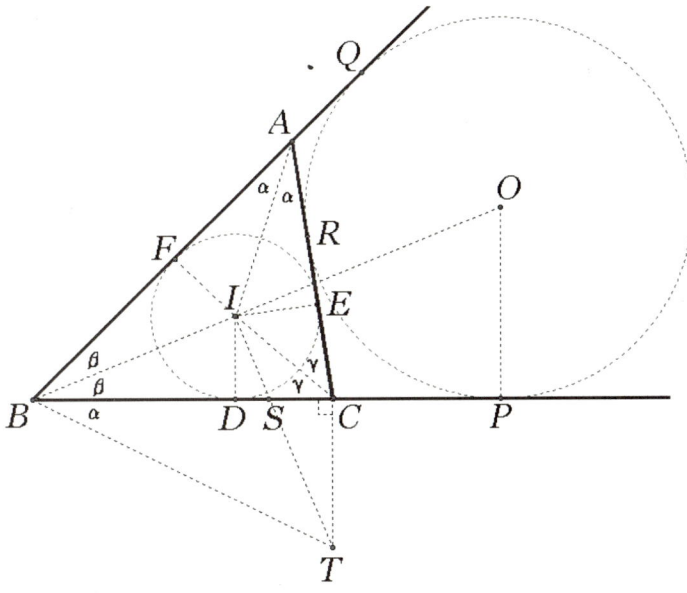

$\triangle ABC$에서 $s = \dfrac{a+b+c}{2}$ 일 때 $\triangle ABC = \sqrt{s(s-a)(s-b)(s-c)}$ 를 보여야 하므로

$$(\triangle ABC)^2 = (s\,r)^2 = s(s-a)(s-b)(s-c)$$

임을 보여주면 된다.

$\angle A = 2\alpha$, $\angle B = 2\beta$, $\angle C = 2\gamma$ 라 두고,

$\triangle AFI \backsim \triangle BCT$를 만족하는 점 T를 잡으면 $\angle IBT + \angle ICT = 180°$ 에서 I, B, T, C는 한 원 위의 점이므로

$$\angle BIT = \angle BCT = 90°$$

를 만족한다. $\overline{IT}, \overline{BC}$의 교점을 S라 하면

(1) 정리 68 에 의해 $\overline{BD} \cdot \overline{DS} = \overline{ID}^2 = r^2$ ································· ①

(2) $\triangle AFI \backsim \triangle BCT$에서

$$\frac{\overline{BC}}{\overline{AF}} = \frac{\overline{CT}}{\overline{IF}} = \frac{\overline{CT}}{\overline{ID}} = \frac{\overline{CS}}{\overline{DS}}$$

$$\frac{\overline{BC}}{\overline{AF}} = \frac{\overline{CS}}{\overline{DS}}$$ ·· ②

이고, $\overline{AF} = \overline{CP} = s - a$ 를 ②에 대입하면

$$\frac{a}{s-a} = \frac{\overline{CS}}{\overline{DS}}, \quad 1 + \frac{a}{s-a} = \frac{\overline{CS}}{\overline{DS}} + 1 \quad \cdots\cdots\cdots\cdots\cdots\cdots ③$$

이고, ③에 ①을 대입하여 정리하면

$$\frac{s}{s-a} = \frac{\overline{CD}}{\overline{DS}} \cdot \frac{\overline{BD}}{\overline{BD}} = \frac{\overline{CD} \cdot \overline{BD}}{\overline{ID}^2} = \frac{(s-c) \cdot (s-b)}{r^2}$$

에서

$$s \cdot r^2 = (s-a)(s-b)(s-c)$$

$$(s\,r)^2 = s\,(s-a)(s-b)(s-c)$$

이므로 증명 끝.

정리 71 브라마굽타의 정리

네 변의 길이가 a, b, c, d인 사각형이 원에 내접할 때 넓이 S는 다음의 식이 성립한다.

$$S = \sqrt{(s-a)(s-b)(s-c)(s-d)} \quad (단, \; 2s = a+b+c+d)$$

증명

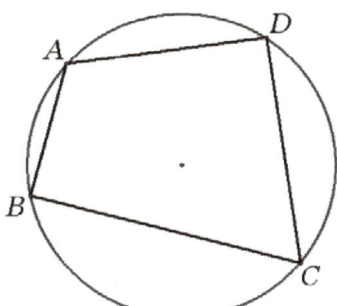

$\overline{AB} = a$, $\overline{BC} = c$, $\overline{CD} = d$, $\overline{AD} = b$, $\angle DAB = \theta$ 라 두면

$\overline{BD}^2 = a^2 + b^2 - 2ab\cos\theta = c^2 + d^2 - 2cd\cos(\pi-\theta)$ 에서

$$\cos\theta = \frac{a^2 + b^2 - c^2 - d^2}{2(ab+cd)}$$

$$\sin\theta = \frac{\sqrt{(-a+b+c+d)(a-b+c+d)(a+b-c+d)(a+b+c-d)}}{2(ab+cd)}$$

$\square ABCD$

$\quad = \triangle ABD + \triangle BCD$

$\quad = \dfrac{(ab+cd)}{2} \dfrac{\sqrt{(-a+b+c+d)(a-b+c+d)(a+b-c+d)(a+b+c-d)}}{2(ab+cd)}$

$\quad = \dfrac{\sqrt{(-a+b+c+d)(a-b+c+d)(a+b-c+d)(a+b+c-d)}}{4}$ ····①

$\quad b+c+d-a = \dfrac{1}{2}(s-a)$ ·······················②

$\quad a+c+d-b = \dfrac{1}{2}(s-b)$ ·······················③

$\quad a+b+d-c = \dfrac{1}{2}(s-c)$ ·······················④

$\quad a+b+c-d = \dfrac{1}{2}(s-d)$ ·······················⑤

②③④⑤를 ①에 대입하면

$$S = \sqrt{(s-a)(s-b)(s-c)(s-d)}$$

가 성립한다.

정리 72 브라마굽타의 정리의 응용

네 변의 길이가 a, b, c, d인 사각형이 원에 내접하고 또 다른 원에 외접하면

$$\square ABCD = \sqrt{abcd}$$

가 성립한다.

증명

원에 외접하므로

$$a + c = b + d$$

가 성립한다. 또 $s = \dfrac{1}{2}(a+b+c+d)$라 하면, 브라마굽타의 정리에 의해

$(\square ABCD)^2$

$= (s-a)(s-b)(s-c)(s-d)$

$= \dfrac{1}{2}(-a+b+c+d) \cdot \dfrac{1}{2}(a-b+c+d) \cdot \dfrac{1}{2}(a+b-c+d) \cdot \dfrac{1}{2}(a+b+c-d)$

$= \dfrac{1}{16}(2c)(2d)(2a)(2b)$

$= abcd$

가 성립한다.

정리 73 사각형 넓이의 이등분

사각형 $ABCD$에서 각 변의 중점을 이어서 만든 사각형의 넓이를 각각 S_1, S_2, S_3, S_4 라 하면

$$S_1 + S_3 = S_2 + S_4$$

가 성립한다.

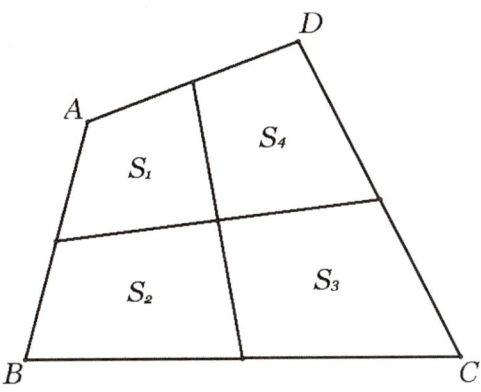

증명

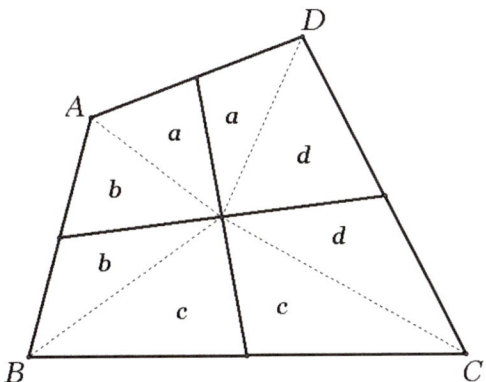

정리 74

사각형 $ABCD$가 중심이 O인 원에 내접하고 $\overline{AC} \perp \overline{BD}$일 때, 꺾은 선 AOC는 사각형 $ABCD$의 넓이를 이등분한다.

증명

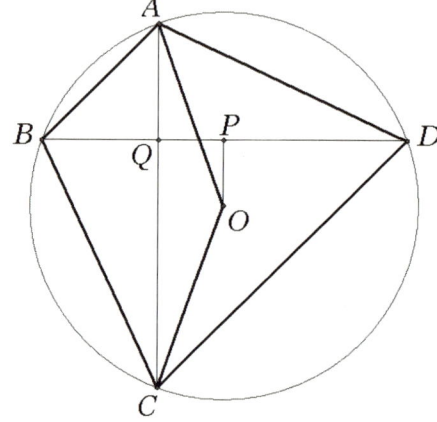

O에서 $\overline{BD}$에 내린 수선의 발을 P라 하면

$$\Box ABCO = \triangle ABC + \triangle ACO$$

$$= \frac{1}{2}\overline{AC}(\overline{BQ} + \overline{PQ}) = \frac{1}{2}\overline{AC} \cdot \overline{BP}$$

$$= \frac{1}{2}\overline{AC} \cdot \overline{PD} = \frac{1}{2}\overline{AC} \cdot (\overline{QD} - \overline{PQ})$$

$$= \triangle ACD - \triangle ACO$$

이므로, 꺾은 선 AOC는 사각형 $ABCD$의 넓이를 이등분한다.

정리 75

사각형 $ABCD$에서 $\overline{AD}$, $\overline{BC}$의 삼등분점을 각각 E, H, F, G라 하면
□$ABFE$, □$EFGH$, □$HGCD$의 넓이는 등차수열을 이룬다.

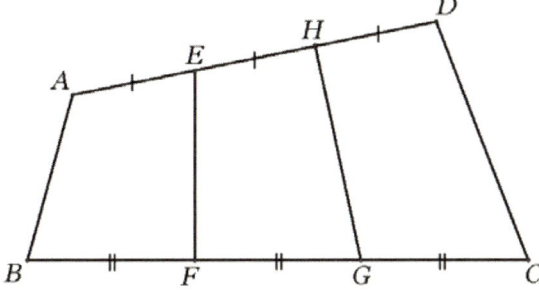

증명

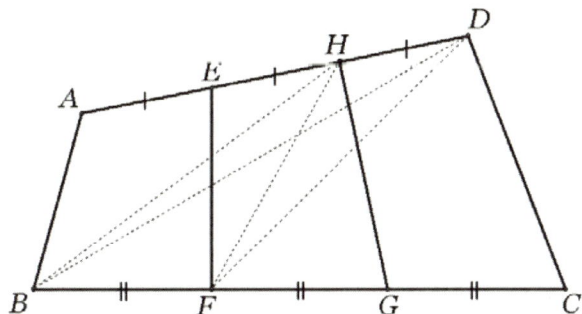

$$□EFGH = \triangle EFH + \triangle HFG$$
$$= \triangle DFH + \triangle HBF$$
$$= □HBFD$$
$$= \triangle HBD + \triangle DBF$$
$$= \frac{1}{3}(\triangle ABD + \triangle DBC)$$
$$= \frac{1}{3}□ABCD$$

가 성립한다. 즉,

$$□EFGH = \frac{1}{3}□ABCD$$

$$□EFGH = \frac{1}{2}(□ABFE + □HGCD)$$

가 성립한다.

정리 76

그림과 같이 삼각형 ABC의 꼭짓점 A, B, C를 지나는 세 평행선이 직선 l과 만나는 점을 각각 D, E, F라 하고, $\overline{AD}$, $\overline{BE}$, $\overline{CF}$의 중점을 각각 A', B', C'라 할 때
$\triangle ABC : \triangle A'B'C' = 2 : 1$이 성립한다.

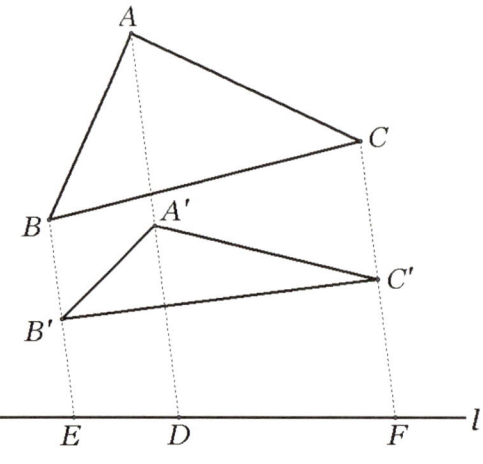

증명

$\square ABED = 2 \times \square B'EDA'$, $\square ADFC = 2 \times \square A'DFC'$, $\square BEFC = 2 \times \square B'EFC'$
가 성립하고,

$$\begin{aligned}
\triangle ABC &= \square ABED + \square ADFC - \square BEFC \\
&= 2 \times (\square B'EDA' + \square A'DFC' - \square B'EFC') \\
\triangle A'B'C' &= \square B'EDA' + \square A'DFC' - \square B'EFC'
\end{aligned}$$

이므로

$$\triangle ABC = 2 \triangle A'B'C'$$

가 성립한다.

원 O 에서   호 $\overparen{AC}$ 는 원주의 $\dfrac{1}{4}$ 이고, $\overparen{AB} = \overparen{CD}$ 이다. B, D 에서 $\overline{OC}$ 에 내린 수선의 발을 각각 E, F 라 할 때 $\overline{BE}$, $\overline{EF}$, $\overline{FD}$, $\overparen{DB}$ 로 이루어진 부분의 넓이는 부채꼴 OBD 의 넓이와 같다.

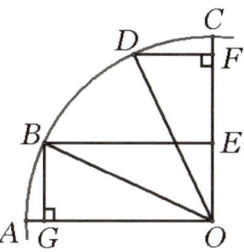

B 에서 $\overline{OA}$ 에 내린 수선의 발을 G 라 하면
$\overline{DF} = \overline{BG} = \overline{OE}$, $\overline{BE} = \overline{OF}$, $\angle DFO = \angle BEO = 90\,^{\circ}$ 이므로
$$\triangle BOE \equiv \triangle ODF\,(RHS)$$
가 성립하므로 조건을 만족한다.

정리 78

사각형 $ABCD$ 에서 M, N은 각각 $\overline{AB}$, $\overline{CD}$ 의 중점이고 $\overline{AN}$, $\overline{DM}$의 교점을 E, $\overline{BN}$, $\overline{CM}$의 교점을 F라 하면

$$\square MFNE = \triangle ADE + \triangle BCF$$

가 성립한다.

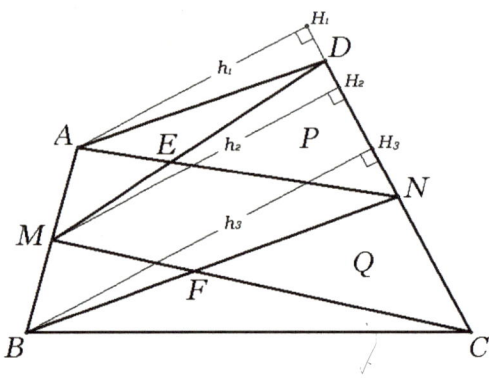

증명

사다리꼴 ABH_3H_1에서 $2h_2 = h_1 + h_3$ 이므로

$$2\triangle MCD = \triangle ACD + \triangle BCD = 2\triangle ADN + 2\triangle BCN$$

$$\triangle MCD = \square MFNE + \triangle DEN + \triangle NFC,$$

$$\triangle ADN = \triangle ADE + \triangle DEN \text{ 이므로}$$

$$\triangle BCN = \triangle BCF + \triangle CNF$$

$$\square MFNE + \triangle DEN + \triangle CNF = (\triangle ADE + \triangle DEN) + \triangle BCF + \triangle CNF$$

에서

$$\square MFNE = \triangle ADE + \triangle BCF$$

가 성립한다.

정리 79

원 O에 내접하는 이등변삼각형 ABC 와 사다리꼴 $PQRS$ 가 있다. $\overline{PQ}$ 는 원의 지름이고, $\overline{BC} \parallel \overline{PQ}$, $\overline{AB} \parallel \overline{PS}$, $\overline{CA} \parallel \overline{QR}$ 일 때, 사다리꼴 $PQRS$ 의 넓이와 이등변삼각형 ABC 의 넓이는 같다.

증명

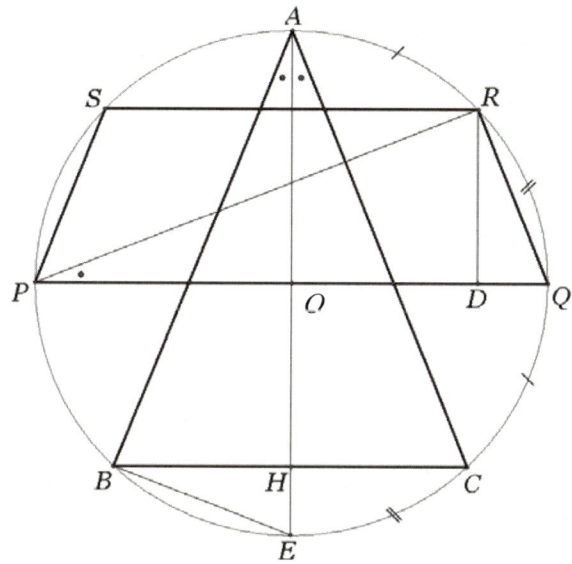

R 에서 $\overline{PQ}$ 에 내린 수선의 발을 D 라 하면 $\overline{PD} = \dfrac{1}{2}(\overline{PQ} + \overline{RS})$ 이다.

$\overline{PQ}$ 와 수직인 지름을 $\overline{AE}$ 라 하고 $\overline{AE}$ 와 $\overline{BC}$ 가 만나는 점을 H 라 하면

$\triangle PRD = \dfrac{1}{2} \square PQRS$, $\triangle ABH = \dfrac{1}{2} \triangle ABC$ 이므로

$$\triangle PRD = \triangle ABH$$

임을 보여주면 된다.

사각형 $ACQR$ 은 등변사다리꼴이므로 $\overset{\frown}{AR} = \overset{\frown}{CQ}$ 이고 $\overset{\frown}{QR} = \overset{\frown}{CE}$ 이다.

$$\angle QPR = \angle CAE = \angle BAE$$
$$\angle ABE = \angle PRQ = 90°$$
$$\overline{AE} = \overline{PQ} = 2R$$

에서 $\triangle ABE \equiv \triangle PRQ$ 이므로 $\overline{AB} = \overline{PR}$ 가 되어

$$\triangle ABH \equiv \triangle PRD$$

가 성립한다.

1. 사각형 $ABCD$에서 대각선의 교점을 O라고 할 때 $\overline{AO} = 4$, $\overline{CO} = 5$, $\overline{DO} = 3$, $\overline{AD} = 6$ 이고, $\overline{BD} = \overline{CD}$를 만족할 때 $\dfrac{\triangle AOB}{\triangle COD}$의 값을 구하여라.

2. 그림과 같은 $\triangle ABC$에서 $\triangle ADE$와 $\square BCED$의 넓이가 같다. 또 $\overline{BD} = \overline{CE}$ 이고, $\overline{AD} = 3$, $\overline{AE} = 10$일 때 $\overline{BD}$의 값을 구하시오.

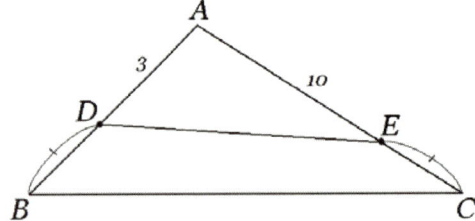

3. 직각삼각형 ABC에서 $\angle A = 30°$, $\angle C = 90°$, $\overline{AB} = 2$를 만족한다. 직각삼각형의 바깥쪽에 세 변을 한 변으로 하는 정삼각형 $\triangle ABD$, $\triangle ACE$, $\triangle BCF$를 작도했을 때 $\overline{DE}$가 $\overline{AB}$와 G에서 만난다고 한다. $\triangle DGF$의 넓이를 구하여라.

4. 한 변의 길이가 1인 정육각형 $ABCDEF$에서 $\overline{AB}$, $\overline{DE}$의 중점을 각각 P, S라고 한다. P, S를 지름으로 하는 원과 $\overline{PE}$, $\overline{PD}$가 만나는 점을 각각 Q, R이라 할 때 사각형 $QRDE$의 넓이를 구하여라.

5. 사각형 $ABCD$에서 $\overline{AD} \parallel \overline{BC}$, $\overline{AC} \perp \overline{BD}$ 이고, $\overline{AC} = 5$ 이다. C에서 $\overline{AD}$에 내린 수선의 발을 F라 하면 $\overline{CF} = 4$를 만족할 때 평행사변형 $ABCD$의 넓이를 구하여라.

6. 직각삼각형 $ABCD$에서 X, Y는 각각 $\overline{AB}$, $\overline{BC}$ 위의 점이다. $\triangle AXD = 5$, $\triangle BXY = 4$, $\triangle DYC = 3$일 때 삼각형 DXY의 넓이를 구하여라.

7. 삼각형 ABC에서 $\overline{AB} = 10$, $\overline{AC} = 5$ 이고 $\angle A$ 의 이등분선 위에 $\overline{AD} = 2$ 가 되는 점 D 를 삼각형의 내부에 잡으면 $\overline{CD} : \overline{BC} = 1 : 3$ 이 된다. 이 때 $\triangle ADC$의 넓이를 구하여라.

8. 사각형 $ABCD$ 의 대각선 $\overline{BD}$ 와 $\overline{AC}$ 가 $\angle B$ 와 $\angle C$ 의 이등분선이 되고, 대각선의 교점을 P 라 하면 $\angle DPC = 45°$ 가 된다. 삼각형 PBC 의 넓이가 12 일 때 사각형 $ABCD$ 의 넓이를 구하여라.

9. 그림에서 점 C는 $\overline{AB}$ 위의 점이다. $\triangle ACD$ 는 정삼각형이고, $\triangle CBE$ 는 꼭짓각의 크기가 $80°$ 이고, $\overline{EC} = \overline{EB}$ 인 이등변삼각형이다. 또 점 P, Q, R이 각각 $\overline{AB}, \overline{AE}, \overline{DE}$ 의 중점일 때 $\triangle PQR$의 넓이는 $\triangle DCE$ 의 넓이의 몇 배인가?

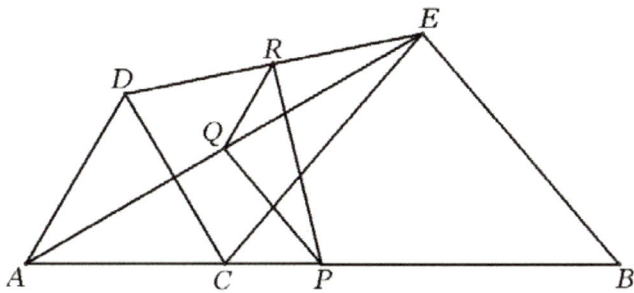

도형의 닮음과
관련된 정리들

4

정리 80 직각삼각형의 닮음: 사영에 관한 정리

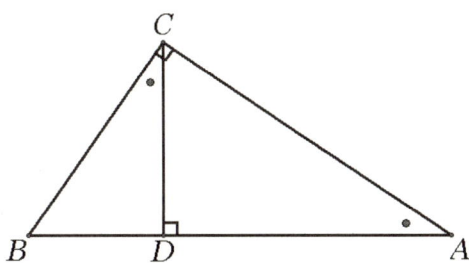

(1) $\overline{BC}^2 = \overline{AB} \cdot \overline{BD}$

(2) $\overline{AC}^2 = \overline{AB} \cdot \overline{AD}$

(3) $\overline{CD}^2 = \overline{AD} \cdot \overline{BD}$

증명

(1) $\triangle ABC \backsim \triangle CBD$ 에서 $\dfrac{\overline{AB}}{\overline{BC}} = \dfrac{\overline{BC}}{\overline{BD}}$ 이므로

$$\overline{BC}^2 = \overline{AB} \cdot \overline{BD}$$

(2) $\triangle ABC \backsim \triangle ACD$ 에서 $\dfrac{\overline{AB}}{\overline{AC}} = \dfrac{\overline{AC}}{\overline{AD}}$ 이므로

$$\overline{AC}^2 = \overline{AB} \cdot \overline{AD}$$

(3) $\triangle CBD \backsim \triangle ACD$ 에서 $\dfrac{\overline{CD}}{\overline{BD}} = \dfrac{\overline{AD}}{\overline{CD}}$ 이므로

$$\overline{CD}^2 = \overline{AD} \cdot \overline{BD}$$

정리 81 삼각형의 중점연결정리

삼각형 ABC에서 $\overline{AB}$, $\overline{AC}$의 중점을 각각 M, N이라 할 때

$$\overline{MN} \parallel \overline{BC}, \ \overline{MN} = \frac{1}{2}\overline{BC}$$

가 성립한다.

증명

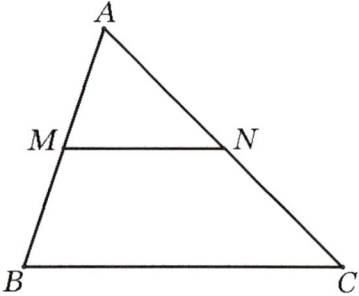

$\triangle AMN \backsim \triangle ABC(SAS)$에서 $\angle AMN = \angle ABC$ 이므로

$$\overline{MN} \parallel \overline{BC}$$

또 닮음비가 $1 : 2$ 이므로

$$\overline{MN} = \frac{1}{2}\overline{BC}$$

가 성립한다.

—— 중점연결정리의 확장 ——

삼각형 ABC에서 $\overline{AB}$의 중점 M에서 $\overline{BC}$와 평행한 직선을 그어 $\overline{AC}$와 만나는 점을 N이라 하면 N은 $\overline{AC}$의 중점이 된다.

정리 82

$\angle B = 2 \angle C$인 삼각형 ABC가 있다. A에서 $\overline{BC}$에 내린 수선의 발을 H라 하고, $\overline{BC}$의 중점을 M이라 하면 $\overline{AB} = 2\,\overline{HM}$이 성립한다.

증명

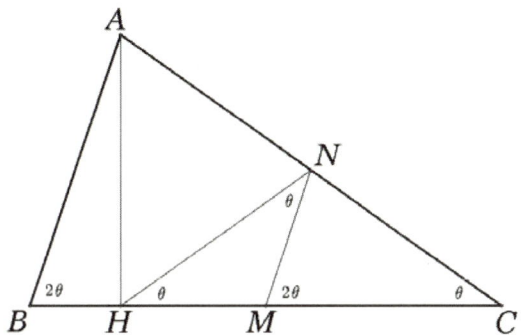

$\overline{AC}$의 중점을 N이라 하면 삼각형의 중점연결정리에 의해

$$\overline{MN} = \frac{1}{2}\overline{AB}, \quad \overline{AB} /\!/ \overline{MN} \quad\cdots\cdots\cdots\cdots\cdots\cdots\cdots\cdots① $$

이므로

$$\angle ABC = \angle NMC \quad\cdots\cdots\cdots\cdots\cdots\cdots\cdots\cdots\cdots\cdots\cdots② $$

이다. 또 직각삼각형 AHC에서 N은 외심이므로

$$\overline{NH} = \overline{NC}$$

가 되어

$$\angle NHC = \angle NCH = \frac{1}{2}\angle ABC \quad\cdots\cdots\cdots\cdots\cdots③ $$

가 성립한다. ② ③에서

$$\angle NMC = 2\angle C = 2\angle NHC = \angle NHC + \angle HNM$$

에서 $\triangle MNH$가 이등변삼각형이므로

$$\overline{HM} = \overline{MN} \quad\cdots\cdots\cdots\cdots\cdots\cdots\cdots\cdots\cdots\cdots\cdots④ $$

이다. ① ④에서

$$\overline{AB} = 2\overline{MN} = 2\overline{HM}$$

이 성립한다.

정리 83 사다리꼴의 중점연결정리

$\overline{AD} /\!\!/ \overline{BC}$인 사다리꼴 $ABCD$의 두 변 $\overline{AB}$, $\overline{CD}$의 중점을 각각 M, N이라 하면

$$\overline{MN} /\!\!/ \overline{BC}, \quad \overline{MN} = \frac{\overline{AD} + \overline{BC}}{2}$$

가 성립한다.

증명

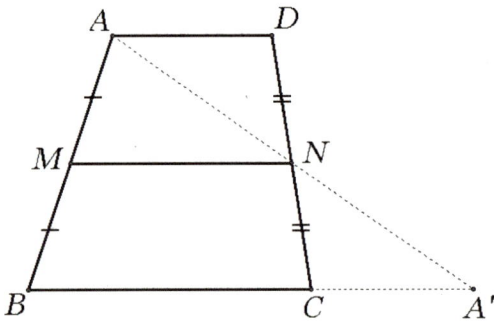

$\overline{AN}$의 연장선과 $\overline{BC}$의 연장선의 교점을 A'라 하면
$$\triangle ADN \equiv \triangle A'CN \,(ASA)$$
에서
$$\overline{AD} = \overline{A'C}, \quad \overline{AN} = \overline{A'N}$$
이다. $\triangle ABA'$에서 삼각형의 중점연결정리를 적용하면
$$\overline{MN} /\!\!/ \overline{BC}$$
$$\overline{MN} = \frac{\overline{BA'}}{2} = \frac{\overline{BC} + \overline{CA'}}{2} = \frac{\overline{AD} + \overline{BC}}{2}$$
가 성립한다.

정리 84 중점연결정리의 응용❶

$\overline{AD} \parallel \overline{BC}$인 사다리꼴 $ABCD$에서 두 변 $\overline{BD}$, $\overline{AC}$의 중점을 각각 E, F라 하면

$$\overline{EF} = \frac{1}{2} \mid \overline{BC} - \overline{AD} \mid$$

가 성립한다.

증명

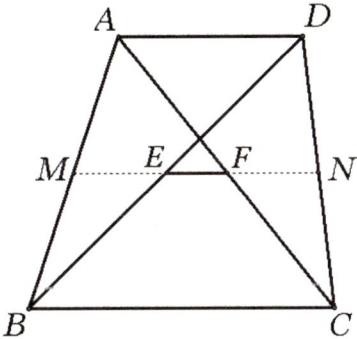

$\triangle ABC$에서 삼각형의 중점연결정리에 의해

$$\overline{EF} = \overline{MF} - \overline{ME} = \frac{1}{2}(\overline{BC} - \overline{AD})$$

가 성립한다.

정리 85 중점연결정리의 응용❷

$\overline{AD} /\!/ \overline{BC}$인 사다리꼴 $ABCD$에서 $\overline{AB}, \overline{DC}$를 각각 $m : n$으로 내분하는 점을 P, Q라 하면

$$\overline{PQ} = \frac{m\,\overline{BC} + n\,\overline{AD}}{m+n}$$

가 성립한다. 특히 $m = n$일 때, $\overline{PQ} = \dfrac{1}{2}(\overline{AD} + \overline{BC})$가 성립한다.

증명

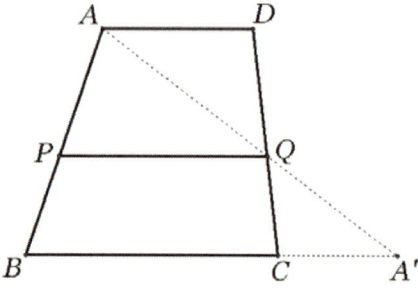

$\overline{BC}, \overline{AQ}$의 연장선의 교점을 A'라 하면
$$\triangle ADQ \backsim \triangle A'CQ$$
에서 $\dfrac{\overline{DQ}}{\overline{QC}} = \dfrac{\overline{AD}}{\overline{A'C}} = \dfrac{m}{n}$ 이므로

$$\overline{A'C} = \frac{n}{m} \times \overline{AD}$$

이다. 또 $\triangle APQ \backsim \triangle ABA'$에서

$$\frac{\overline{PQ}}{\overline{BA'}} = \frac{m}{m+n}$$

이므로

$$\begin{aligned}
\overline{PQ} &= \frac{m}{m+n} \times \overline{BA'} = \frac{m}{m+n} \times (\overline{BC} + \overline{CA'})\\
&= \frac{m}{m+n} \times \left(\overline{BC} + \frac{n}{m} \times \overline{AD}\right)\\
&= \frac{m\,\overline{BC} + n\,\overline{AD}}{m+n}
\end{aligned}$$

가 성립한다.

정리 86 중점연결정리의 응용❸

삼각형 ABC의 무게중심을 G라 할 때 A, B, C, G에서 삼각형 ABC의 외부의 한 직선에 내린 수선의 발을 각각 A', B', C', G'라 하면

$$3\overline{GG'} = \overline{AA'} + \overline{BB'} + \overline{CC'}$$

가 성립한다.

증명

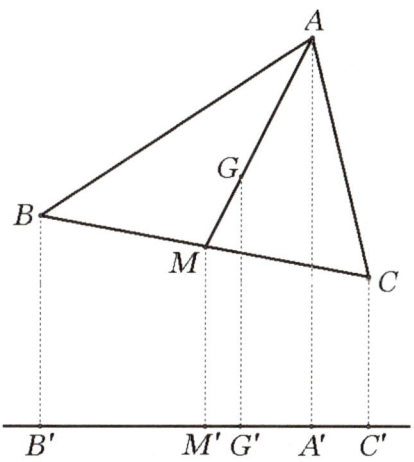

$\overline{BC}$의 중점을 M이라 하고, M에서 직선에 내린 수선의 발을 M'라 하자.
사다리꼴의 중점연결정리에 의해

$$\overline{BB'} + \overline{CC'} = 2\overline{MM'}$$

$\overline{AG} : \overline{GM} = 2 : 1$ 이므로 **정리 85** 에 의해

$$\overline{GG'} = \overline{AA'} + 2\overline{MM'} = \overline{AA'} + \overline{BB'} + \overline{CC'}$$

가 성립한다.

정리 87 중점연결정리의 응용❹

삼각형 ABC의 무게중심을 G라 할 때 A, B, C에서 G를 지나는 한 직선에 내린 수선의 발을 각각 A', B', C'라 하면
$$\overline{AA'} = \overline{BB'} + \overline{CC'}$$
가 성립한다.

증명

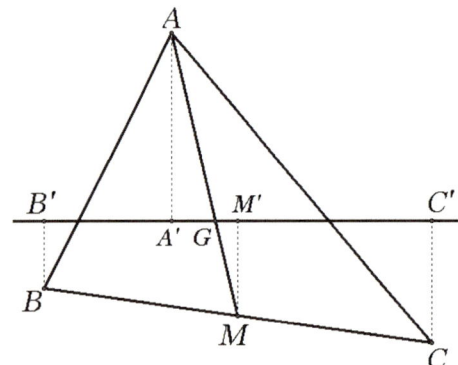

$\overline{BC}$의 중점을 M이라 하고 직선에 내린 수선의 발을 M'라 하면
사다리꼴의 중점연결정리에 의해
$$\overline{BB'} + \overline{CC'} = 2\overline{MM'} \quad \text{……………………………………………} ①$$
또 $\triangle AA'G \backsim \triangle MM'G$이고, 닮음비가 $2 : 1$이므로
$$\overline{AA'} = 2\overline{MM'} \quad \text{……………………………………………………} ②$$
②를 ①에 대입하면
$$\overline{AA'} = \overline{BB'} + \overline{CC'}$$
가 성립한다.

삼각형 ABC에서 $\angle B$, $\angle C$의 이등분선이 대변과 만나는 점을 각각 D, E라 하고, 선분 $\overline{DE}$ 위의 점 P에서 $\overline{BC}$, $\overline{CA}$, $\overline{AB}$에 내린 수선의 발을 각각 X, Y, Z라고 하면

$$\overline{PY} + \overline{PZ} = \overline{PX}$$

가 성립한다.

증명

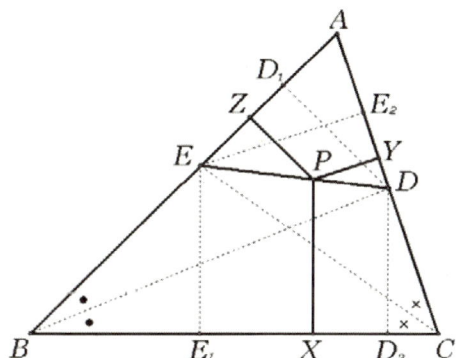

D에서 $\overline{AB}$, $\overline{BC}$에 내린 수선의 발을 각각 D_1, D_2라 하고
E에서 $\overline{BC}$, $\overline{CA}$에 내린 수선의 발을 각각 E_1, E_2라 하자.
또 $\overline{PD} : \overline{PE} = m : n$이라 하면

$$\overline{DD_1} = \overline{DD_2} = \frac{m+n}{n} \times \overline{PZ}$$

$$\overline{EE_1} = \overline{EE_2} = \frac{m+n}{m} \times \overline{PY}$$

이고, 사다리꼴 DD_2E_1E에서

$$\overline{PX} = \frac{n}{m+n} \times \overline{DD_2} + \frac{m}{m+n} \times \overline{EE_1}$$
$$= \overline{PZ} + \overline{PY}$$

가 성립한다.

정리 89 중점연결정리의 응용❻

$\overline{AD} \parallel \overline{BC}$, $\overline{AD} < \overline{BC}$ 인 사다리꼴 $ABCD$ 에서 $\overline{AC}$ 와 $\overline{BD}$ 의 교점을 M 이라 하고, M 을 지나는 $\overline{AD}$ 의 평행선이 $\overline{AB}$, $\overline{CD}$ 와 만나는 점을 각각 E, F 라 하자.

$\overline{EC}$, $\overline{FB}$ 의 교점을 N 이라 하고, N 을 지나는 $\overline{AD}$ 의 평행선이 $\overline{AB}$, $\overline{CD}$ 와 만나는 점을 각각 G, H 라 할 때

$$\frac{1}{\overline{AD}} + \frac{2}{\overline{BC}} = \frac{1}{\overline{EF}} + \frac{2}{\overline{GH}}$$

가 성립한다.

증명 1

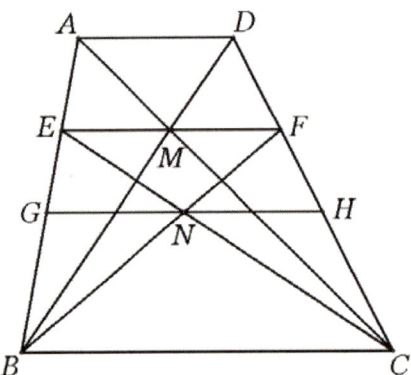

$\overline{EF} = \dfrac{2\overline{AD} \cdot \overline{BC}}{\overline{AD} + \overline{BC}}$, $\overline{GH} = \dfrac{2\overline{EF} \cdot \overline{BC}}{\overline{EF} + \overline{BC}}$ 이므로

$$\frac{2}{\overline{GH}} + \frac{1}{\overline{EF}} = \frac{2}{\overline{EF}} + \frac{1}{\overline{BC}} = \frac{1}{\overline{AD}} + \frac{2}{\overline{BC}}$$

증명2

$\square ABCD$ 에서 $\triangle ABD \backsim \triangle EBM$, $\triangle AEM \backsim \triangle ABC$ 이므로

$$\frac{\overline{EM}}{\overline{AD}} = \frac{\overline{EB}}{\overline{AB}}, \quad \frac{\overline{EM}}{\overline{BC}} = \frac{\overline{EA}}{\overline{AB}}$$

에서

$$\frac{\overline{EM}}{\overline{AD}} + \frac{\overline{EM}}{\overline{BC}} = 1$$

이므로, 양변을 $\overline{EM}$ 으로 나누면

$$\frac{1}{\overline{AD}} + \frac{1}{\overline{BC}} = \frac{1}{\overline{EM}} \quad \cdots\cdots\cdots\cdots\cdots\cdots\cdots\cdots\cdots\cdots\cdots\cdots\cdots ①$$

이 성립한다. 같은 방법으로

$$\frac{1}{\overline{AD}} + \frac{1}{\overline{BC}} = \frac{1}{\overline{FM}} \quad \cdots\cdots\cdots\cdots\cdots\cdots\cdots\cdots\cdots\cdots\cdots\cdots\cdots ②$$

이 성립한다. ①②에 의해

$$\overline{EM} = \overline{FM} = \frac{\overline{EF}}{2}, \quad \frac{1}{\overline{AD}} + \frac{1}{\overline{BC}} = \frac{2}{\overline{EF}} \quad \cdots\cdots\cdots\cdots\cdots\cdots\cdots ③$$

$\square EBCF$ 에서 같은 방법을 적용하면

$$\frac{1}{\overline{EF}} + \frac{1}{\overline{BC}} = \frac{2}{\overline{GH}} \quad \cdots\cdots\cdots\cdots\cdots\cdots\cdots\cdots\cdots\cdots\cdots\cdots ④$$

가 성립한다. ③＋④에서

$$\frac{1}{\overline{AD}} + \frac{2}{\overline{BC}} = \frac{1}{\overline{EF}} + \frac{2}{\overline{GH}}$$

가 성립한다.

정리 90 **쉐르보어의 정리**

삼각형의 한 꼭짓점에서 수심까지의 거리는 외심에서 대변까지의 거리의 두 배이다.

증명 1

꼭짓점 C에서 $\overline{AB}$에 내린 수선의 발을 D, A에서 $\overline{BC}$에
내린 수선의 발을 E라 하고 H를 수심, O를 외심, O에서
$\overline{BC}$에 내린 수선의 발을 M, $\overline{BO}$의 연장선이 원과 만나
는 점을 F라고 하자.

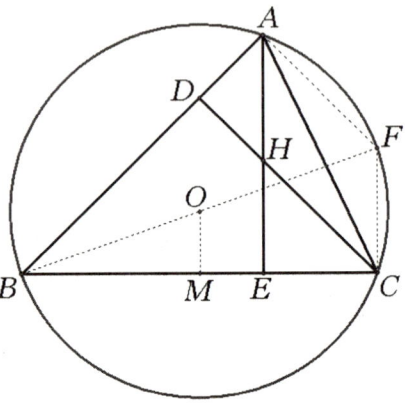

〈그림 1〉

(1) $\triangle BCF$에서 중점연결정리에 의해

$$\overline{OM} = \frac{1}{2}\overline{CF}$$

(2) $\overline{AE} \perp \overline{BC}$, $\overline{CF} \perp \overline{BC}$이므로

$$\overline{AH} /\!/ \overline{CF} \quad\text{──────────────────────────} ①$$

$\overline{CD} \perp \overline{AB}$, $\overline{AF} \perp \overline{AB}$이므로

$$\overline{CH} /\!/ \overline{AF} \quad\text{──────────────────────────} ②$$

①②에서 $\square AFCH$는 평행사변형이므로

$$\overline{AH} = \overline{CF} = 2\,\overline{OM}$$

이 성립한다.

증명 2

$\overline{BC}$, $\overline{CA}$, $\overline{AB}$의 중점을 각각 D, E, F라 하면

$$\triangle ABC \backsim \triangle DEF\,(SSS)$$

또 $\triangle ABC$의 외심은 $\triangle DEF$의 수심이므로
$\triangle ABC$와 $\triangle DEF$의 닮음비는 $2:1$이므로

$$\overline{AH} : \overline{OD} = 2:1$$

이 성립한다.

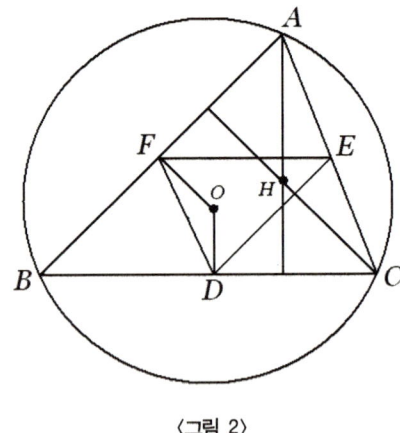

〈그림 2〉

증명 3

$\overline{AB}$, $\overline{BC}$, $\overline{AH}$, $\overline{CH}$ 의 중점을 각각 D, E, F, G라 하면 중점연결정리에 의해

$$\overline{DE} \parallel \overline{FG}, \ \overline{DE} = \overline{FG}$$

$$\angle EDO = \angle FGH$$

$$\angle OED = \angle HFG$$

이므로, $\triangle OED \equiv \triangle HFG \ (SAS)$ 에서

$$\overline{FH} = \overline{OE} = \overline{AF}$$

가 성립한다.

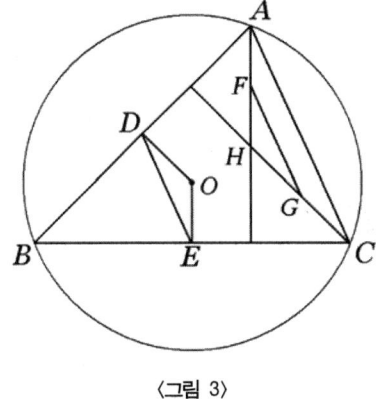

〈그림 3〉

정리 91 오일러의 직선

삼각형의 수심, 무게중심, 외심은 한 직선 위에 있는데, 이 직선을 오일러의 직선이라 한다.
무게중심은 수심과 외심을 이은 선분을 2 : 1로 내분한다.

증명

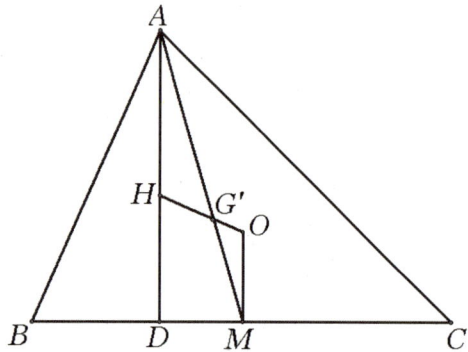

삼각형 ABC의 수심을 H, 외심을 O, $\overline{BC}$의 중점을 M이라 하고
$\overline{AM}$, $\overline{HO}$의 교점을 G'라 하면,

$$\triangle AHG' \backsim \triangle MOG'$$

이고, 쉐르보어의 정리에 의해 $\overline{AH} = 2\overline{OM}$이므로

$$\overline{AG'} : \overline{G'M} = 2 : 1$$

이 되어 G'는 무게중심이 됨을 알 수 있다.

정리 92 **내각의 이등분선 정리**

삼각형 ABC에서 $\angle BAC$의 이등분선이 $\overline{BC}$와 만나는 점을 D라 할 때

$$\overline{AB} : \overline{AC} = \overline{BD} : \overline{DC}$$

가 성립한다.

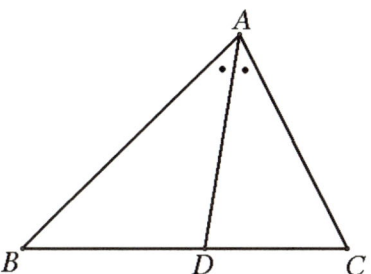

증명

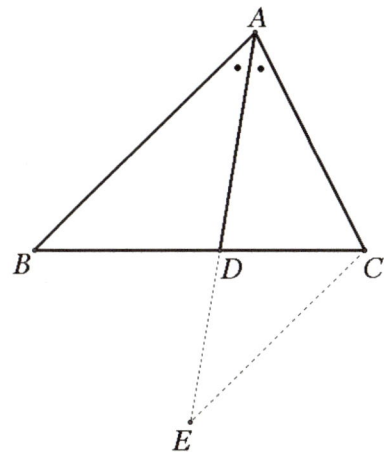

C에서 $\overline{AB}$와 평행한 직선을 그어 $\overline{AD}$의 연장선과 만나는 점을 E라 하면

$$\angle BAD = \angle CAD = \angle CED$$

에서 $\overline{AC} = \overline{CE}$이다. 또 $\triangle ABD \backsim \triangle ECD$에서

$$\overline{AB} : \overline{CE} = \overline{BD} : \overline{DC}$$

이므로

$$\overline{AB} : \overline{AC} = \overline{BD} : \overline{DC}$$

가 성립한다.

정리 93 내각의 이등분선 정리의 역

삼각형 ABC에서 $\overline{BC}$ 위의 임의의 점 D에 대해 $\overline{AB} : \overline{AC} = \overline{BD} : \overline{DC}$일 때
$$\angle BAD = \angle CAD$$
가 성립한다.

증명

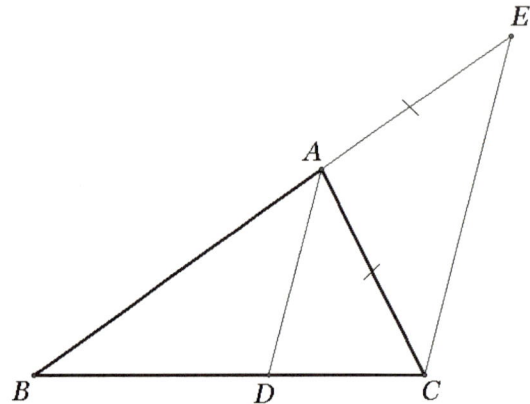

$\overline{BA}$ 의 연장선 위에 $\overline{AC} = \overline{AE}$를 만족하는 점 E를 잡으면
$$\frac{\overline{BD}}{\overline{CD}} = \frac{\overline{AB}}{\overline{AC}} = \frac{\overline{AB}}{\overline{AE}}$$
이므로 $\overline{AD} \parallel \overline{CE}$에서
$$\angle ACE = \angle AEC \,(\text{이등변삼각형})$$
$$\angle BAD = \angle BEC, \ \angle ECA = \angle CAD$$
이므로
$$\angle BAD = \angle CAD$$
가 성립한다.

정리 94 외각의 이등분선 정리

> 삼각형 ABC에서 $\angle BAC$의 외각의 이등분선이 $\overline{BC}$의 연장선과 만나는 점을 D라 할 때
> $$\overline{AB} : \overline{AC} = \overline{BD} : \overline{DC}$$
> 가 성립한다.

증명 1

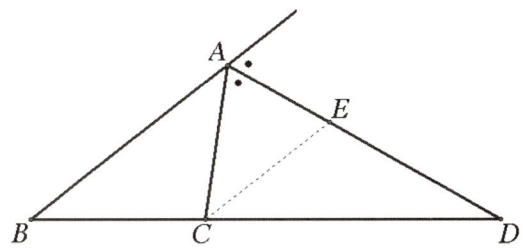

C에서 $\overline{AB}$에 평행한 직선을 그어 $\overline{AD}$와 만나는 점을 E라 하면
$$\angle CAE = \angle AEC$$
이고, $\triangle ABD \backsim \triangle ECD$에서
$$\overline{AB} : \overline{CE} = \overline{BD} : \overline{DC}$$
이므로
$$\overline{AB} : \overline{AC} = \overline{BD} : \overline{DC}$$
가 성립한다.

증명 2

$\overline{BA}$의 연장선과 D에서 $\overline{CA}$에 평행한 직선이 만나는 점을 E라 하면
$\angle CAD = \angle EDA = \angle EAD$에서 $\overline{AE} = \overline{ED}$이고,
$\triangle ABC \backsim \triangle EBD$에서
$$\begin{aligned} \overline{AB} : \overline{AC} &= \overline{EB} : \overline{ED} \\ &= \overline{EB} : \overline{EA} \\ &= \overline{BD} : \overline{DC} \end{aligned}$$
가 성립한다.

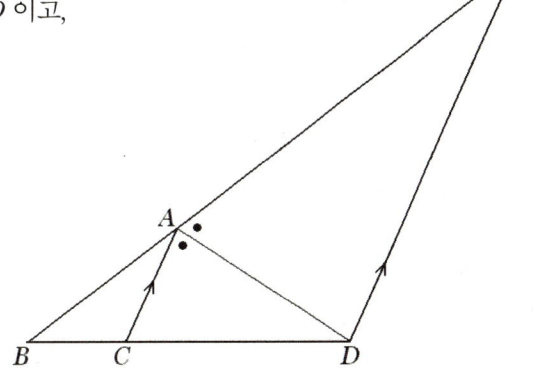

정리 95 **내각의 이등분선의 길이**

삼각형 ABC에서 각 A의 이등분선이 $\overline{BC}$와 만나는 점을 D라 할 때
$$\overline{AD}^2 = \overline{AB} \cdot \overline{AC} - \overline{BD} \cdot \overline{CD}$$
가 성립한다.

증명

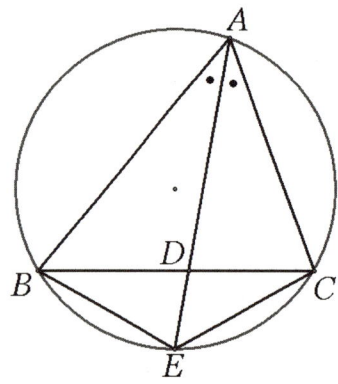

$\overline{AD}$의 연장선이 $\triangle ABC$의 외접원과 만나는 점을 E라 하면
$\triangle ADB \backsim \triangle ACE$에서
$$\overline{AD} : \overline{AC} = \overline{AB} : \overline{AE}$$
이므로
$$\overline{AB} \cdot \overline{AC} = \overline{AD} \cdot \overline{AE}$$
$$= \overline{AD}\,(\overline{AD} + \overline{DE})$$
$$= \overline{AD}^2 + \overline{AD} \cdot \overline{DE}$$
에서
$$\overline{AD}^2 = \overline{AB} \cdot \overline{AC} - \overline{AD} \cdot \overline{DE} \quad\cdots\cdots\cdots\cdots\cdots\cdots ①$$
가 성립한다.
또 $\triangle ACD \backsim \triangle BED$이므로 $\overline{AD} : \overline{CD} = \overline{BD} : \overline{DE}$에서
$$\overline{AD} \cdot \overline{DE} = \overline{BD} \cdot \overline{CD} \quad\cdots\cdots\cdots\cdots\cdots\cdots\cdots\cdots ②$$

②를 ①에 대입하면
$$\overline{AD}^2 = \overline{AB} \cdot \overline{AC} - \overline{BD} \cdot \overline{CD}$$
가 성립한다.

정리 96 **외각의 이등분선의 길이**

삼각형 ABC에서 각 A의 외각의 이등분선이 $\overline{BC}$의 연장선과 만나는 점을 D라 할 때
$$\overline{AD}^2 = \overline{BD} \cdot \overline{CD} - \overline{AB} \cdot \overline{AC}$$
가 성립한다.

증명

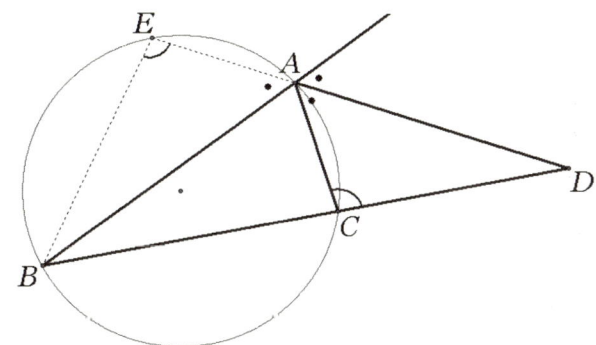

$\overline{DA}$의 연장선이 $\triangle ABC$의 외접원과 만나는 점을 E라 하면

(1) $\overline{BD} \cdot \overline{CD} = \overline{AD} \cdot \overline{ED} = \overline{AD}\,(\overline{AE} + \overline{AD})$ (방멱)이므로
$$\overline{AD}^2 = \overline{BD} \cdot \overline{CD} - \overline{AD} \cdot \overline{AE} \quad\cdots\cdots\cdots① $$
가 성립한다.

(2) $\angle ACD = \angle AEB$이므로

$\triangle ACD \backsim \triangle AEB$에서 $\dfrac{\overline{AD}}{\overline{AB}} = \dfrac{\overline{AC}}{\overline{AE}}$ 가 되어
$$\overline{AD} \cdot \overline{AE} = \overline{AB} \cdot \overline{AC} \quad\cdots\cdots\cdots② $$
가 성립한다. ②를 ①에 대입하면
$$\overline{AD}^2 = \overline{BD} \cdot \overline{CD} - \overline{AB} \cdot \overline{AC}$$
가 성립한다.

정리 97 메넬라우스의 정리

한 직선이 삼각형 ABC의 변 $\overline{AB}$, $\overline{CA}$, $\overline{BC}$ 또는 그 연장선과 만나는 점을 X, Y, Z라 하면

$$\frac{\overline{AX}}{\overline{XB}} \cdot \frac{\overline{BZ}}{\overline{ZC}} \cdot \frac{\overline{CY}}{\overline{YA}} = 1$$

이 성립한다.

증명

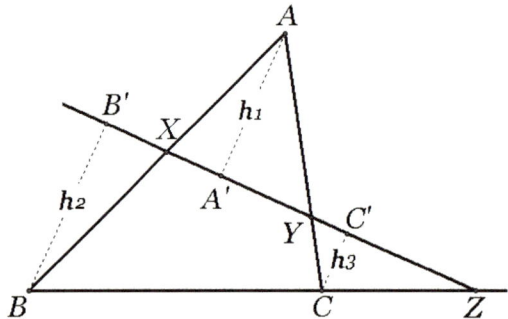

A, B, C에서 직선 $\overline{XYZ}$에 내린 수선의 발을 각각 A', B', C'라 하면

$$\triangle AA'X \backsim \triangle BB'X \text{에서 } \frac{\overline{AX}}{\overline{XB}} = \frac{h_1}{h_2} \quad \cdots\cdots\cdots\cdots\cdots ①$$

$$\triangle BB'Z \backsim \triangle CC'Z \text{에서 } \frac{\overline{BZ}}{\overline{ZC}} = \frac{h_2}{h_3} \quad \cdots\cdots\cdots\cdots\cdots ②$$

$$\triangle CC'Y \backsim \triangle AA'Y \text{에서 } \frac{\overline{CY}}{\overline{YA}} = \frac{h_3}{h_1} \quad \cdots\cdots\cdots\cdots\cdots ③$$

이므로 ①②③의 각 변끼리 곱하면

$$① \times ② \times ③ = \frac{h_1}{h_2} \cdot \frac{h_2}{h_3} \cdot \frac{h_1}{h_3} = 1$$

이 성립한다.

메넬라우스의 정리의 역

한 직선이 삼각형 ABC의 변 $\overline{AB}$, $\overline{CA}$, $\overline{BC}$ 또는 그 연장선과 만나는 점을 각각

X, Y, Z라 할 때, $\dfrac{\overline{AX}}{\overline{XB}} \cdot \dfrac{\overline{BZ}}{\overline{ZC}} \cdot \dfrac{\overline{CY}}{\overline{YA}} = 1$이 성립하면 X, Y, Z는 한 직선 위에 있다.

증명

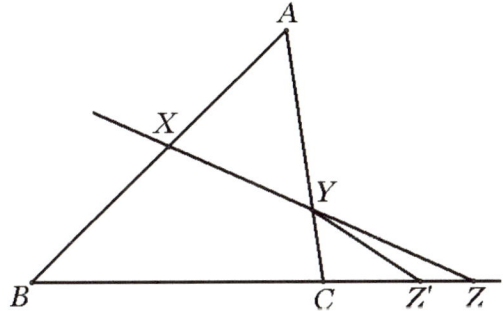

$\overline{XY}$의 연장선이 $\overline{BC}$의 연장선과 만나는 점을 Z'라 하면 메넬라우스 정리에 의해

$$\frac{\overline{AX}}{\overline{XB}} \cdot \frac{\overline{BZ'}}{\overline{CZ'}} \cdot \frac{\overline{CY}}{\overline{YA}} = 1 \quad \cdots\cdots\cdots\cdots\cdots\cdots\cdots ①$$

이 성립한다. 또 조건에서

$$\frac{\overline{AX}}{\overline{XB}} \cdot \frac{\overline{BZ}}{\overline{CZ}} \cdot \frac{\overline{CY}}{\overline{YA}} = 1 \quad \cdots\cdots\cdots\cdots\cdots\cdots\cdots ②$$

이 성립하므로 ①＝② 하면

$$\frac{\overline{BZ}}{\overline{CZ}} = \frac{\overline{BZ'}}{\overline{CZ'}}$$

에서 $Z = Z'$가 되므로 증명 끝.

데자르그의 정리

두 삼각형 ABC와 $A'B'C'$에서 꼭짓점을 이은 세 직선 $\overline{AA'}$, $\overline{BB'}$, $\overline{CC'}$가 한 점 O에서 만나면 $\overline{AB}$와 $\overline{A'B'}$, $\overline{BC}$와 $\overline{B'C'}$, $\overline{CA}$와 $\overline{C'A'}$의 교점 N, L, M은 한 직선 위에 있다.

증명

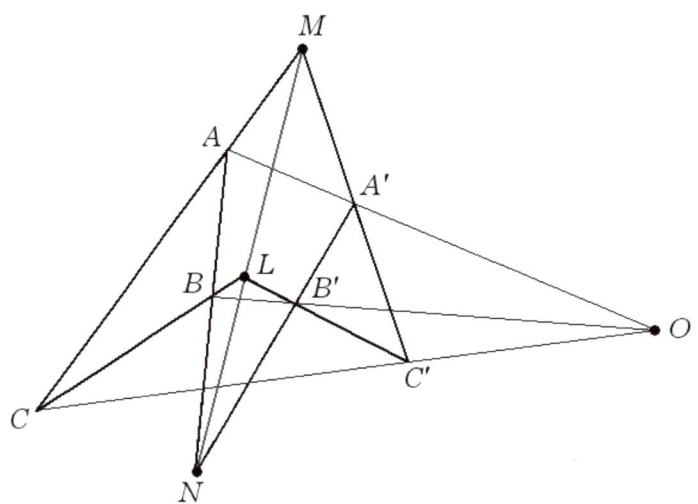

⑴ $\triangle OB'C$ 와 $\overline{LC}$에서 메넬라우스 정리를 적용하면

$$\frac{\overline{B'L}}{\overline{LC'}} \cdot \frac{\overline{C'C}}{\overline{CO}} \cdot \frac{\overline{OB}}{\overline{BB'}} = 1 \quad \cdots\cdots\cdots ①$$

⑵ $\triangle OC'A'$ 와 $\overline{MA}$에서 메넬라우스 정리를 적용하면

$$\frac{\overline{C'M}}{\overline{MA'}} \cdot \frac{\overline{A'A}}{\overline{AO}} \cdot \frac{\overline{OC}}{\overline{CC'}} = 1 \quad \cdots\cdots\cdots ②$$

⑶ $\triangle OA'B'$ 와 $\overline{NA}$에서 메넬라우스 정리를 적용하면

$$\frac{\overline{A'N}}{\overline{NB'}} \cdot \frac{\overline{B'B}}{\overline{BO}} \cdot \frac{\overline{OA}}{\overline{AA'}} = 1 \quad \cdots\cdots\cdots ③$$

이 성립한다. ① $\times$ ② $\times$ ③ 하면

$$\frac{\overline{B'L}}{\overline{LC}} \cdot \frac{\overline{C'M}}{\overline{MA'}} \cdot \frac{\overline{A'N}}{\overline{NB'}} = 1$$

이므로, 메넬라우스 정리의 역에 의해 L, M, N은 한 직선 위에 있다.

정리 100

삼각형 ABC에서 $\overline{BC}$, $\overline{CA}$, $\overline{AB}$ 위의 점 D, E, F에 대해 $\overline{AD}$, $\overline{BE}$, $\overline{CF}$가 한 점 O에서 만날 때

$$\frac{\overline{AO}}{\overline{DO}} = \frac{\overline{AF}}{\overline{BF}} + \frac{\overline{AE}}{\overline{CE}}$$

가 성립한다.

증명

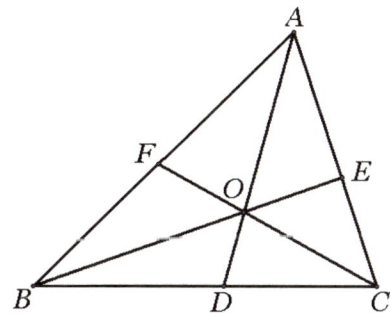

$$\frac{\overline{AF}}{\overline{BF}} = \frac{\triangle AOC}{\triangle BOC}, \quad \frac{\overline{AE}}{\overline{CE}} = \frac{\triangle AOB}{\triangle BOC}$$

이므로

$$\frac{\overline{AF}}{\overline{BF}} + \frac{\overline{AE}}{\overline{CE}} = \frac{\triangle AOB + \triangle AOC}{\triangle BOC} = \frac{\overline{AO}}{\overline{DO}}$$

가 성립한다.

정리 101 도형과 비**❶**

$\overline{AB}$ 위의 점 C와 $\overline{AB}$ 바깥의 점 O에 대해 $\angle AOC = \angle BOC = 60°$ 가 성립할 때

$$\frac{1}{\overline{OC}} = \frac{1}{\overline{OA}} + \frac{1}{\overline{OB}}$$

이 성립한다.

증명 1

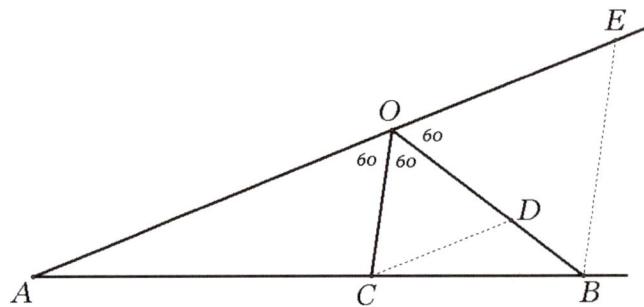

B에서 $\overline{OC}$와 평행한 직선을 그어 $\overline{AO}$ 의 연장선과 만나는 점을 E라 하면, $\triangle OBE$는 정삼각형이다.

$\overline{OC} \parallel \overline{BE}$ 이므로 $\dfrac{\overline{OA}}{\overline{OC}} = \dfrac{\overline{AE}}{\overline{BE}}$ 에서

$$\frac{\overline{OA}}{\overline{OC}} = \frac{\overline{OA} + \overline{OB}}{\overline{OB}}$$

정리하면

$$\frac{1}{\overline{OC}} = \frac{1}{\overline{OA}} + \frac{1}{\overline{OB}}$$

이 성립한다.

증명 2

$\overline{OC} = \overline{OD}$ 를 만족하는 점 D를 $\overline{OB}$ 위에 잡으면 $\triangle OCD$는 정삼각형이다.

$\overline{CD} \parallel \overline{OA}$ 이므로 $\triangle BDC \backsim \triangle BOA$ 에서

$$\frac{\overline{CD}}{\overline{OA}} = \frac{\overline{BD}}{\overline{OB}}, \quad \frac{\overline{OC}}{\overline{OA}} = \frac{\overline{OB} - \overline{OC}}{\overline{OB}}$$

정리하면

$$\frac{1}{\overline{OC}} = \frac{1}{\overline{OA}} + \frac{1}{\overline{OB}}$$

이 성립한다.

증명 3

$\triangle OAB = \triangle OAC + \triangle OCB$ 에서

$$\frac{1}{2}\overline{OA}\cdot\overline{OB}\cdot\sin 120\degree = \frac{1}{2}\overline{OA}\cdot\overline{OC}\cdot\sin 60\degree + \frac{1}{2}\overline{OC}\cdot\overline{OB}\cdot\sin 60\degree$$

$\sin 120\degree = \sin 60\degree$ 이므로 약분하고 양변을 $\overline{OA}\cdot\overline{OB}\cdot\overline{OC}$ 로 나누어주면

$$\frac{1}{\overline{OC}} = \frac{1}{\overline{OA}} + \frac{1}{\overline{OB}}$$

이 성립한다.

정리 102 도형과 비②

삼각형 ABC에서 $\angle A$의 이등분선이 $\overline{BC}$와 만나는 점을 D, D에서 $\overline{AC}$에 평행선을 그어 $\overline{AB}$와 만나는 점을 E라 하면

$$\frac{1}{\overline{AB}} + \frac{1}{\overline{AC}} = \frac{1}{\overline{AE}}$$

이 성립한다.

증명 1

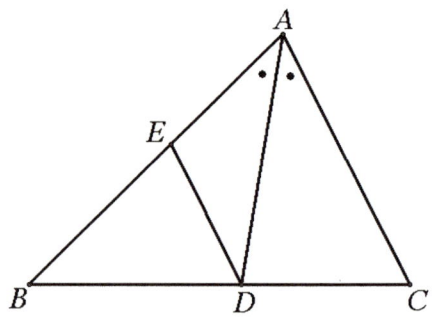

$$\frac{\overline{AB}}{\overline{AC}} = \frac{\overline{BD}}{\overline{CD}} = \frac{\overline{DE}}{\overline{AC} - \overline{DE}} = \frac{\overline{AE}}{\overline{AC} - \overline{AE}}$$

$(\because \overline{AE} = \overline{DE})$

이고, 정리하면

$$\overline{AB} \cdot (\overline{AC} - \overline{AE}) = \overline{AC} \cdot \overline{AE}$$
$$\overline{AB} \cdot \overline{AC} = \overline{AC} \cdot \overline{AE} + \overline{AB} \cdot \overline{AE}$$

에서

$$\frac{1}{\overline{AB}} + \frac{1}{\overline{AC}} = \frac{1}{\overline{AE}}$$

이 성립한다.

증명 2

각의 이등분선 정리에 의해

$$\frac{\overline{AB}}{\overline{AC}} = \frac{\overline{BD}}{\overline{CD}} \quad \cdots\cdots\cdots\cdots\cdots\cdots\cdots\cdots\cdots\cdots\cdots\cdots ①$$

$\triangle BDE \backsim \triangle BCA$에서

$$\frac{\overline{AB}}{\overline{AE}} = \frac{\overline{BC}}{\overline{CD}} \quad \cdots\cdots\cdots\cdots\cdots\cdots\cdots\cdots\cdots\cdots\cdots\cdots ②$$

② － ① 하면

$$\frac{\overline{AB}}{\overline{AE}} - \frac{\overline{AB}}{\overline{AC}} = \frac{\overline{BC}}{\overline{CD}} - \frac{\overline{BD}}{\overline{CD}} = 1$$

$$\frac{\overline{AB}}{\overline{AE}} = 1 + \frac{\overline{AB}}{\overline{AC}} \text{ 에서}$$

$$\frac{1}{\overline{AB}} + \frac{1}{\overline{AC}} = \frac{1}{\overline{AE}}$$

이 성립한다.

정리 103 중선삼각형

삼각형 ABC의 세 중선 $\overline{AD}$, $\overline{BE}$, $\overline{CF}$로 이루어진 삼각형은 삼각형 ABC의 넓이의 $\dfrac{3}{4}$ 이다.

증명 1

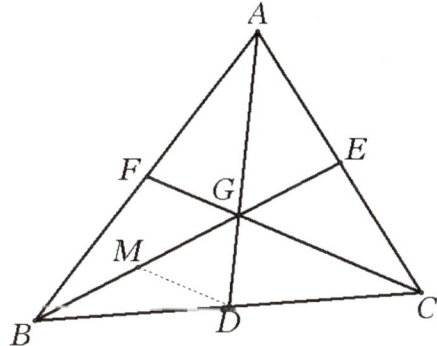

$\overline{BG}$의 중점을 M이라 하면

$$\overline{GD} = \frac{1}{3}\overline{AD}$$

$$\overline{MG} = \frac{1}{3}\overline{BE}$$

$$\overline{MD} = \frac{1}{2}\overline{GC} = \frac{1}{3}\overline{CF}$$

이므로, $\triangle GDM$은 중선으로 이루어진 삼각형을 $\dfrac{1}{3}$ 만큼 축소한 삼각형이다.

$\triangle GDM$은 중선으로 이루어진 삼각형의 넓이의 $\dfrac{1}{9}$ 배이다.

$\triangle GDM : \triangle ABC = 1 : 12$ 이므로

중선으로 이루어진 삼각형은 $\triangle ABC$의 넓이의 $\dfrac{3}{4}$ 배이다.

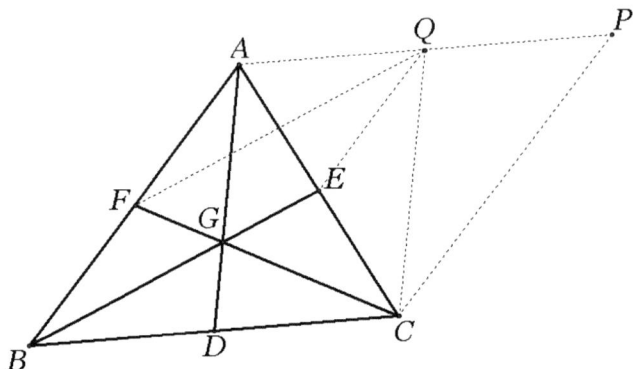

A에서 $\overline{BC}$에 평행한 직선과 C에서 $\overline{AB}$에 평행한 직선의 교점을 P라 하고, $\overline{AP}$의 중점을 Q라 하면, $\triangle ACP$에서 중점연결정리에 의해

$$\overline{QE} \parallel \overline{CP} \parallel \overline{AB}$$

$$\overline{QE} = \frac{1}{2}\overline{CP} = \frac{1}{2}\overline{AB} = \overline{BF}$$

에서 $\square FBEQ$는 평행사변형이므로 $\overline{BE} = \overline{FQ}$이고, 또 $\overline{AD} = \overline{CQ}$이므로
세 중선으로 이루어진 삼각형은 삼각형 CFQ와 합동이다.

$$\square ABCP = 2\triangle ABC$$

$$\triangle BCF + \triangle CPQ = \triangle ABC$$

$$\triangle AFQ = \frac{1}{4}\triangle ABP = \frac{1}{4}\triangle ABC$$

이므로

$$\triangle CFQ = \frac{3}{4}\triangle ABC$$

이다.

정리 104

사다리꼴 $ABCD$에서 $\overline{AC}$, $\overline{BD}$의 교점을 O라 하고,
$\triangle ADO = S_1$, $\triangle BCO = S_2$라 할 때
$$\triangle ABO = \triangle CDO = \sqrt{S_1 \cdot S_2}\,,\quad \square ABCD = (\sqrt{S_1} + \sqrt{S_2})^2$$
이 성립한다.

증명

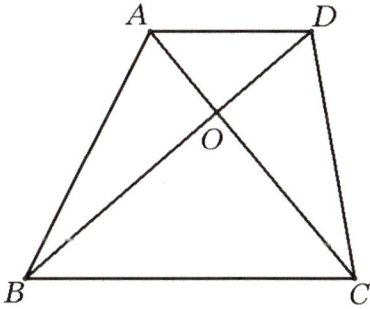

$\triangle ADO \backsim \triangle CBO$에서 닮음비는 $\overline{AD} : \overline{BC}$이므로
$$\triangle ABO : \triangle ADO = \overline{BO} : \overline{OD} = \overline{BC} : \overline{AD} = \sqrt{S_2} : \sqrt{S_1}$$
에서
$$\triangle ABO = \frac{\overline{BC}}{\overline{AD}} \times \triangle ADO = \sqrt{S_1 \cdot S_2}$$
같은 방식으로
$$\triangle CDO = \sqrt{S_1 \cdot S_2}$$
이므로
$$\square ABCD = (\sqrt{S_1} + \sqrt{S_2})^2$$
이 성립한다.

정리 105

삼각형 ABC 내부의 점 O를 지나고 세 변 $\overline{AB}, \overline{BC}, \overline{CA}$ 와 평행한 직선이 세 변과 만나는
점을 순서대로 D, E, F, G, H, I라 하고, 내부의 작은 삼각형의 넓이를 각각
$\triangle DEO = S_1$, $\triangle OFG = S_2$, $\triangle IOH = S_3$라 할 때

$$\triangle ABC = (\sqrt{S_1} + \sqrt{S_2} + \sqrt{S_3})^2$$

이 성립한다.

증명

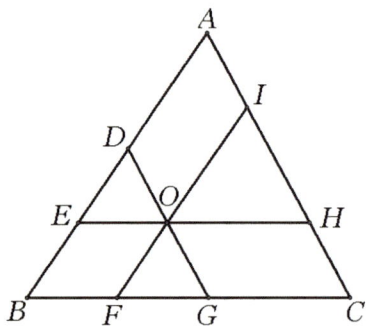

(1) $\triangle ABC = S$라 하면 $\triangle ABC \backsim \triangle DEO$이므로

$$\overline{AB} : \overline{DE} = \sqrt{S} : \sqrt{S_1} \quad \cdots\cdots\cdots\cdots\cdots\cdots\cdots\cdots\cdots ①$$

같은 방식으로

$$\overline{AB} : \overline{OF} = \sqrt{S} : \sqrt{S_2} \quad \cdots\cdots\cdots\cdots\cdots\cdots\cdots\cdots\cdots ②$$
$$\overline{AB} : \overline{IO} = \sqrt{S} : \sqrt{S_3} \quad \cdots\cdots\cdots\cdots\cdots\cdots\cdots\cdots\cdots ③$$

가 성립한다.

(2) $\square ADOI$, $\square EBFO$ 는 평행사변형이므로

$$\overline{IO} = \overline{AD}, \ \overline{OF} = \overline{BE}$$

이다.

(3) ①②③에서

$$\overline{DE} + \overline{OF} + \overline{IO} = \overline{DE} + \overline{BE} + \overline{AD} = \overline{AB}$$

이므로

$$\sqrt{S} = \sqrt{S_1} + \sqrt{S_2} + \sqrt{S_3}$$

가 성립한다.

정리 106

그림에서 삼각형 PQR 과 삼각형 $P'Q'R'$ 가 합동인 정삼각형일 때

$$\overline{AB}^2 + \overline{CD}^2 + \overline{EF}^2 = \overline{BC}^2 + \overline{DE}^2 + \overline{FA}^2$$

이 성립한다.

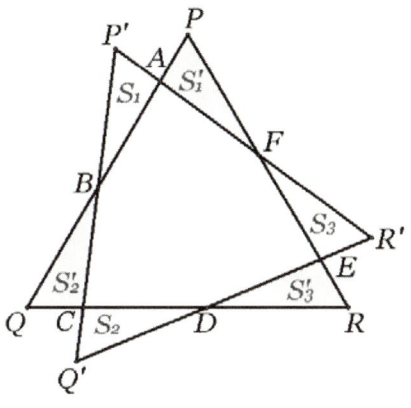

증명

합동인 두 정삼각형 $\triangle PQR$, $\triangle P'Q'R'$ 에서 육각형 $ABCDEF$ 를 뺀 값이므로

$$S_1 + S_2 + S_3 = S_1{}' + S_2{}' + S_3{}'$$

가 성립하고, $ABCDEF$ 외부에 있는 6개의 삼각형이 모두 닮음이므로

$$\frac{S_1}{\overline{AB}^2} = \frac{S_2}{\overline{CD}^2} = \frac{S_3}{\overline{EF}^2} = \frac{S_2{}'}{\overline{BC}^2} = \frac{S_3{}'}{\overline{DE}^2} = \frac{S_1{}'}{\overline{FA}^2}$$

에서

$$\overline{AB}^2 + \overline{CD}^2 + \overline{EF}^2 = \overline{BC}^2 + \overline{DE}^2 + \overline{FA}^2$$

이 성립한다.

1. 볼록사각형 $ABCD$의 각 변 $\overline{AB}$, $\overline{BC}$, $\overline{CD}$, $\overline{DA}$를 삼등분하는 점을 차례대로 K_1, K_2 ; L_1, L_2 ; M_1, M_2 ; N_1, N_2라 하고, $\overline{K_1M_2}$와 $\overline{L_1N_2}$, $\overline{K_2M_1}$과 $\overline{L_1N_2}$, $\overline{K_2M_1}$과 $\overline{L_2N_1}$, $\overline{K_1M_2}$와 $\overline{N_1L_2}$의 교점을 각각 P, Q, R, S라 한다. $\square PQRS$를 둘러싸는 4개의 사각형 $\square K_1K_2QP$, $\square L_1L_2RQ$, $\square M_1M_2SR$, $\square N_1N_2PS$의 넓이의 합과 사각형 $ABCD$의 넓이의 비를 구하여라.

2. 삼각형 ABC에서 $\overline{BC}$, $\overline{CA}$, $\overline{AB}$의 중점이 각각 D, E, F이고, $\overline{AD} = 5$, $\overline{BE} = 6$, $\overline{CF} = 7$일 때 $\triangle ABC$의 넓이를 구하여라.

3. 삼각형 ABC의 수심을 H, 무게중심을 G, 외심을 O라 할 때 $\dfrac{\overline{OH}}{\overline{GH}}$의 값을 구하여라.

4. 평면 위에 길이가 7인 $\overline{AB}$가 있고, 임의의 점 P와 $\overline{AB}$와의 거리는 3이다. $\overline{PA} \times \overline{PB}$가 취할 수 있는 최솟값을 구하여라.

5. $\overline{AB} = \overline{AC}$인 이등변삼각형 ABC에서 중선 $\overline{AM} = 11$이고, $\overline{AM}$ 위의 임의의 점 D에 대해 $\overline{AD} = 10$, $\angle BDC = 3\angle BAC$를 만족할 때 $\triangle ABC$의 둘레의 길이를 구하여라.

6. 삼각형 ABC에서 둘레의 길이는 $\overline{BC}$의 길이의 7 배이고, $\overline{AB} < \overline{AC}$를 만족한다. 또 내접원이 $\overline{BC}$와 E에서 접하고, E를 지나는 내접원의 지름 $\overline{DE}$와 중선 $\overline{AM}$의 교점을 F라 할 때 $\dfrac{\overline{DF}}{\overline{FE}}$의 값을 구하여라.

7. 예각삼각형 ABC에서 $\overline{BC}$ 위의 점 D는 $\overline{BD} : \overline{DC} = 2 : 3$을 만족하고, $\overline{CA}$ 위의 점 E는 $\overline{AE} : \overline{EC} = 3 : 4$를 만족한다. $\overline{AD}, \overline{BE}$의 교점을 F라 할 때 $\dfrac{\overline{AF}}{\overline{FD}} \times \dfrac{\overline{BF}}{\overline{FE}}$의 값을 구하여라.

8. O에서 만나는 두 선분 $\overline{OB}, \overline{OD}$가 있다. $\overline{OB}$ 위에 점 A가 있고, $\overline{OD}$ 위에 점 C가 있다. $\overline{AD}$의 중점과 $\overline{BC}$의 중점을 연결하는 직선이 직선 $\overline{AB}$와 점 M에서 만나고, 직선 $\overline{CD}$와 점 N에서 만난다고 할 때 $\dfrac{\overline{OM}}{\overline{ON}} = \dfrac{\overline{AB}}{\overline{CD}}$가 성립함을 보여라.

9. 삼각형 ABC에서 $\overline{AB}$의 중점을 M이라 하자. $\angle ABC$의 이등분선이 $\overline{AC}$와 만나는 점을 D라 하자. $\overline{MD} \perp \overline{BD}$이면 $\overline{AB} = 3\overline{BC}$임을 증명하여라.

10. 삼각형 ABC에서 $\angle ACB$의 이등분선이 $\overline{AB}$와 만나는 점을 D라 하자. 삼각형 ABC의 외심이 삼각형 BCD의 내심과 일치한다고 한다. 이 때
$$\overline{AC}^2 = \overline{AD} \cdot \overline{AB}$$
가 성립함을 보여라.

피타고라스의 정리와 관련된 정리들

05

정리 107 히포크라테스의 초승달

(1) 초승달 모양의 넓이는 삼각형의 넓이와 같다.($S_1 = S_2$)

(부채꼴 ABC를 반지름이 r인 사분원, $\overline{AC}$를 지름으로 하는 원)

$$S_1 + S_3 = \frac{\pi r^2}{4}, \quad S_2 + S_3 = \frac{\pi r^2}{4}$$

이므로

$$S_1 = S_2$$

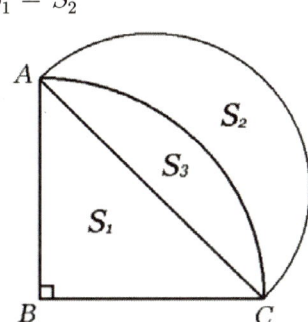

(2) 초승달 모양의 넓이는 삼각형의 넓이와 같다.($\overline{AC}$, $\overline{AB}$, $\overline{BC}$를 지름으로 하는 반원)

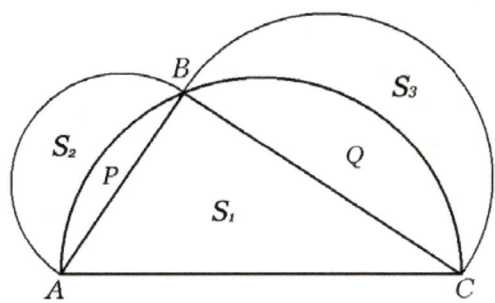

$$(S_2 + P) + (S_3 + Q) = S_1 + P + Q \text{에서}$$
$$S_1 = S_2 + S_3$$

(3) 사분원 AOB에서 $S_1 = S_2$가 성립한다.

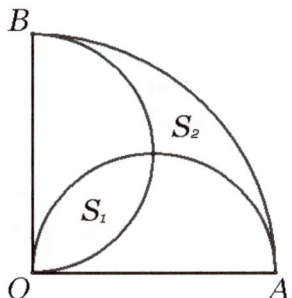

145

정리 108 파푸스(Pappus)의 중선정리

삼각형 ABC에서 $\overline{BC}$의 중점을 M이라 하면
$$\overline{AB}^2 + \overline{AC}^2 = 2(\overline{AM}^2 + \overline{BM}^2)$$
이 성립한다.

증명 1

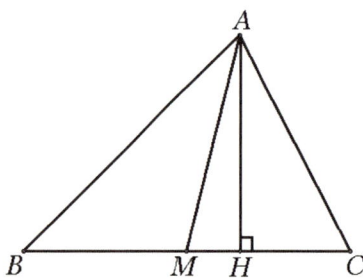

$\triangle ABH$에서 $\overline{AH}^2 = \overline{AB}^2 - \overline{BH}^2$ ·· ①

$\triangle ACH$에서 $\overline{AH}^2 = \overline{AC}^2 - \overline{CH}^2$ ·· ②

$\triangle AMH$에서 $\overline{AH}^2 = \overline{AM}^2 - \overline{MH}^2$ ·· ③

①=③에서
$$\overline{AB}^2 = \overline{AM}^2 - \overline{MH}^2 + \overline{BH}^2$$ ·· ④
②=③에서
$$\overline{AC}^2 = \overline{AM}^2 - \overline{MH}^2 + \overline{CH}^2$$ ·· ⑤
④+⑤ 하면
$$\overline{AB}^2 + \overline{AC}^2$$
$$= 2\,\overline{AM}^2 + (\overline{BH} - \overline{MH})(\overline{BH} + \overline{MH}) + (\overline{CH} - \overline{MH})(\overline{CH} + \overline{MH})$$
$$= 2\,\overline{AM}^2 + \overline{BM} \cdot (\overline{BM} + 2\,\overline{MH}) + (\overline{CM} - 2\,\overline{MH}) \cdot \overline{CM}$$
$$= 2\,\overline{AM}^2 + 2\,\overline{BM}^2$$
이 성립한다.

증명 2

$\cos \theta = -\cos(180° - \theta)$ 이므로 코사인 제2정리에 의해

$$\cos \angle AMB = \frac{\overline{AM}^2 + \overline{BM}^2 - \overline{AB}^2}{2\,\overline{AM} \cdot \overline{BM}} \ , \ \cos \angle AMC = \frac{\overline{AM}^2 + \overline{CM}^2 - \overline{AC}^2}{2\,\overline{AM} \cdot \overline{CM}}$$

정리하면

$$\overline{AB}^2 + \overline{AC}^2 = 2(\overline{AM}^2 + \overline{BM}^2)$$

이 성립한다.

정리 109 피타고라스의 정리의 활용❶

$\angle A$ 가 직각인 직각삼각형 ABC의 각 변의 바깥쪽에 각 변을 한변으로 하는 정사각형 $\square ABDE$, $\square BFGC$, $\square ACHI$를 만들면 다음이 성립한다.

(1) $\triangle BDF = \triangle CGH = \triangle AEI = \triangle ABC$

(2) $\overline{DF}^2 + \overline{FG}^2 + \overline{GH}^2 + \overline{HI}^2 + \overline{IE}^2 + \overline{ED}^2 = 8\,\overline{BC}^2$

증명

(1)

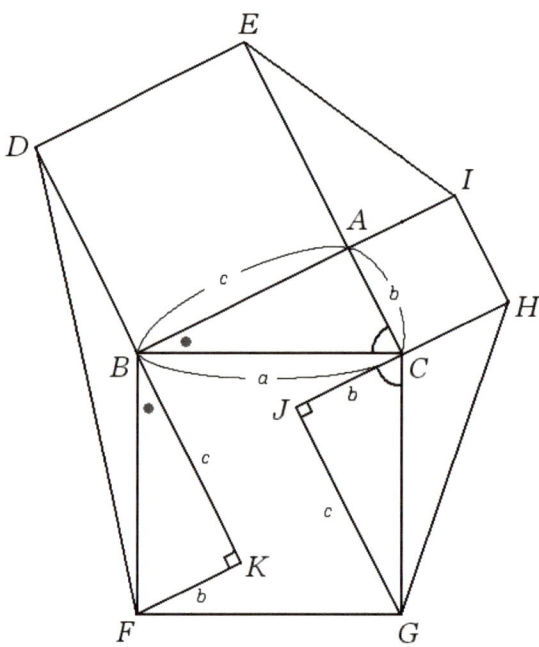

$$\triangle ABC \equiv \triangle AEI \,(SAS) \quad \cdots\cdots\cdots\cdots\cdots\cdots\cdots\cdots\cdots ①$$

$\overline{DB}$, $\overline{HC}$의 연장선 위에 각각 $\overline{BK} \perp \overline{FK}$, $\overline{CJ} \perp \overline{GJ}$를 만족하는 점 K, J를 잡으면

$$\triangle ABC \equiv \triangle KBF \equiv \triangle JGC \,(ASA)$$

이므로

$$\overline{DB} = \overline{AB} = \overline{BK}, \quad \overline{CH} = \overline{AC} = \overline{CJ}$$

에서

$$\triangle BDF = \triangle KBF, \ \triangle CGH = \triangle JGC \quad \cdots\cdots\cdots\cdots\cdots ②$$

①②에서 증명할 수 있음을 알 수 있다.

(2) $\overline{AB} = c$, $\overline{BC} = a$, $\overline{CA} = b$ 라 두면

$\overline{DF}^2 + \overline{FG}^2 + \overline{GH}^2 + \overline{HI}^2 + \overline{IE}^2 + \overline{ED}^2$

$\quad = (b^2 + 4c^2) + a^2 + (c^2 + 4b^2) + b^2 + (b^2 + c^2) + c^2$

$\quad = 7(b^2 + c^2) + a^2$

$\quad = 8a^2$

정리 110 피타고라스의 정리의 활용②

삼각형 ABC의 각 변의 바깥쪽에 각 변을 한 변으로 하는 정사각형 □$ABDE$, □$BFGC$, □$ACHI$를 만들면
$$\overline{DF}^2 + \overline{GH}^2 = \overline{AB}^2 + \overline{AC}^2 + 4\overline{BC}^2$$
이 성립한다.

증명 1

$\overline{DB}$의 연장선에 $\overline{DB} = \overline{BJ}$가 되도록 J를 정하면
$$\triangle ABC \equiv \triangle JBF\,(SAS)$$
$\triangle DFJ$에서 파푸스의 중선정리를 적용하면
$$\overline{DF}^2 = 2a^2 + 2c^2 - b^2 \quad\text{……………①}$$

또 $\overline{HC}$의 연장선에 $\overline{HC} = \overline{CK}$가 되도록 K를 정하면
$$\triangle ABC \equiv \triangle KGC\,(SAS)$$
$\triangle GKH$에서 파푸스의 중선정리를 적용하면
$$\overline{GH}^2 = 2a^2 + 2b^2 - c^2 \quad\text{……………②}$$

①②에서
$$\overline{DF}^2 + \overline{GH}^2 = \overline{AB}^2 + \overline{AC}^2 + 4\overline{BC}^2$$

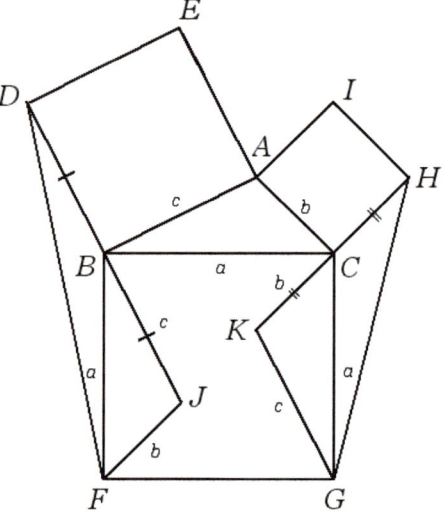

증명 2

D에서 $\overline{FB}$의 연장선 위에 내린 수선의 발을 K, H에서 $\overline{GC}$의 연장선 위에 내린 수선의 발을 L 이라 하면
$$\triangle DBK \equiv \triangle ABJ\,(RHA)\text{에서}$$
$$\begin{aligned}
\overline{DF}^2 &= \overline{DK}^2 + \overline{KF}^2 \\
&= \overline{DK}^2 + (\overline{KB} + \overline{BF})^2 \\
&= c^2 + a^2 + 2a\overline{KB} \quad\text{……………①}
\end{aligned}$$
$$\begin{aligned}
\overline{GH}^2 &= \overline{HL}^2 + \overline{GL}^2 \\
&= \overline{HL}^2 + (\overline{CL} + \overline{CG})^2 \\
&= b^2 + a^2 + 2a\overline{CL} \quad\text{……………②}
\end{aligned}$$
①+② 하면
$$\overline{DF}^2 + \overline{GH}^2 = \overline{AB}^2 + \overline{AC}^2 + 4\overline{BC}^2$$

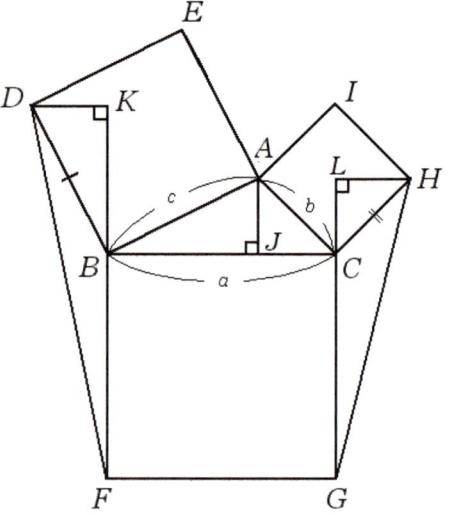

정리 111 파푸스의 중선정리의 응용❶

평행사변형에서 대각선의 길이의 제곱의 합은 두 변의 길이의 제곱의 합의 두 배와 같다.

증명

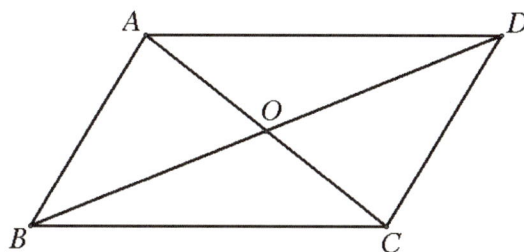

삼각형 ABD에서 파푸스의 중선정리에 의해

$$\overline{AB}^2 + \overline{AD}^2 = 2\left\{\left(\frac{1}{2}\overline{AC}\right)^2 + \left(\frac{1}{2}\overline{BD}\right)^2\right\} = \frac{1}{2}\left(\overline{AC}^2 + \overline{BD}^2\right)$$

이므로

$$\overline{AC}^2 + \overline{BD}^2 = 2\left(\overline{AB}^2 + \overline{AD}^2\right)$$

이 성립한다.

정리 112　파푸스의 중선정리의 응용❷

사각형 $ABCD$ 의 변 $\overline{AB}, \overline{BC}, \overline{CD}, \overline{DA}$ 의 중점을 각각 K, L, M, N 이라고 하면

$$\overline{AC}^2 + \overline{BD}^2 = 2(\overline{KM}^2 + \overline{LN}^2)$$

이 성립한다.

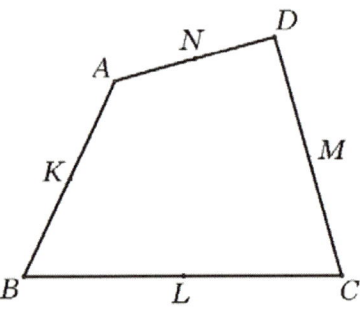

증명 1

정리 31 에 의해 사각형 $KLMN$ 은 평행사변형이므로

$$\overline{KO} = \overline{MO}, \ \overline{LO} = \overline{NO} \quad \cdots\cdots\cdots\cdots \text{①}$$

이다. 또 삼각형의 중점연결정리에 의해

$$\overline{KN} = \frac{1}{2}\overline{BD}, \ \overline{NM} = \frac{1}{2}\overline{AC} \quad \cdots\cdots\cdots\cdots \text{②}$$

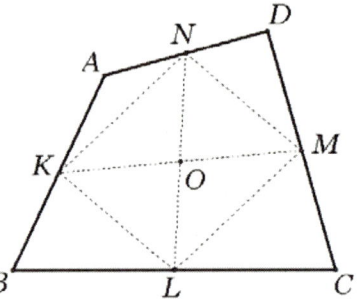

이다. $\overline{KM}, \overline{LN}$ 의 교점을 O 라 하면, 삼각형 KMN 에서
파푸스의 중선정리에 의해

$$\overline{KN}^2 + \overline{NM}^2 = 2(\overline{NO}^2 + \overline{KO}^2) \quad \cdots\cdots\cdots\cdots \text{③}$$

이 성립한다.

①②를 ③에 대입하면

$$\frac{1}{4}(\overline{BD}^2 + \overline{AC}^2) = 2\left(\frac{1}{4}\overline{LN}^2 + \frac{1}{4}\overline{KM}^2\right)$$

이므로, 정리하면

$$\overline{AC}^2 + \overline{BD}^2 = 2(\overline{KM}^2 + \overline{LN}^2)$$

이 성립한다.

증명 2

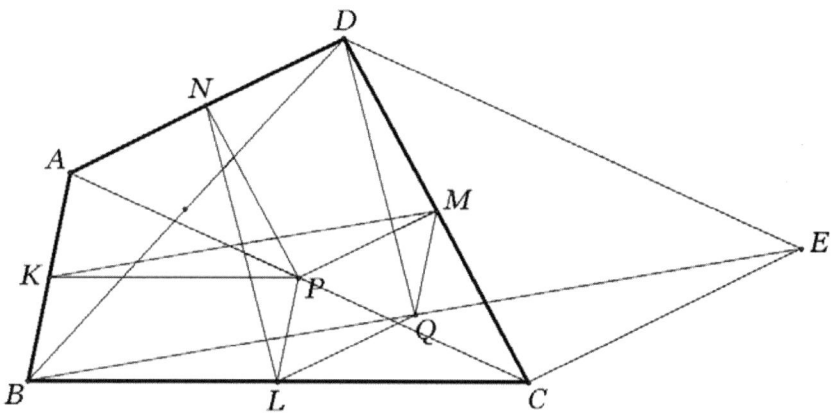

D에서 $\overline{AC}$와 평행한 직선을 긋고, C에서 $\overline{AD}$와 평행한 직선을 그어 그 교점을 E라 하면 $\square ACED$는 평행사변형이다. $\overline{BE}$의 중점을 Q라 하자.

$$\overline{QL} = \frac{1}{2}\overline{CE} = \frac{1}{2}\overline{AD} = \overline{DN}, \ \ \overline{QL} \ /\!/ \ \overline{DN}$$

에서

$\square DNLQ$는 평행사변형 ···①

이다. 또

$$\overline{NP} = \frac{1}{2}\overline{CD} = \overline{DM}, \ \ \overline{NP} \ /\!/ \ \overline{DM} \ \text{·······································}②$$

이다. ①②에서

$$\triangle NLP \equiv \triangle DQM$$

이므로

$$\overline{NL} = \overline{DQ}, \ \ \overline{MQ} = \overline{PL} = \overline{KB} \ \text{·································}③$$

가 성립한다. 또 $\overline{PL} \ /\!/ \ \overline{KB}$이므로 $\square KBLP$는 평행사변형이 되어

$$\overline{KM} = \overline{BQ} \ \text{··}④$$

가 성립한다.

$\triangle DBE$에서 파푸스의 중선정리를 적용하면

$$\overline{BD}^2 + \overline{DE}^2 = 2(\overline{DQ}^2 + \overline{BQ}^2) \ \text{·······························}⑤$$

③④를 ⑤에 적용하면

$$\overline{BD}^2 + \overline{AC}^2 = 2(\overline{NL}^2 + \overline{KM}^2)$$

이 성립한다.

스튜어트(Stewart, 1717~1785)의 정리(파푸스의 중선정리 일반화)

삼각형 ABC에서 점 D가 $\overline{BC}$ 위에 있을 때
$$\overline{AB}^2 \cdot \overline{CD} + \overline{AC}^2 \cdot \overline{BD} = \overline{BC}(\overline{AD}^2 + \overline{BD} \cdot \overline{CD})$$
가 성립한다.

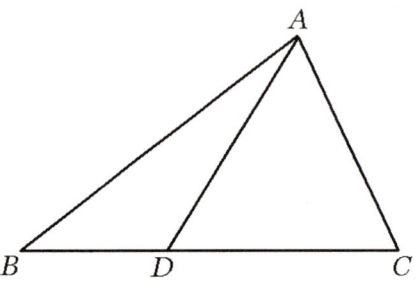

증명

$\angle ADB = \theta$ 라 두면 $\angle ADC = \pi - \theta$ 이고, $\cos\theta + \cos(\pi - \theta) = 0$ 이므로
코사인 제 2정리에 의해
$$\frac{\overline{AD}^2 + \overline{BD}^2 - \overline{AB}^2}{2\,\overline{AD} \cdot \overline{BD}} + \frac{\overline{AD}^2 + \overline{CD}^2 - \overline{AC}^2}{2\,\overline{AD} \cdot \overline{CD}} = 0$$
에서
$$\overline{CD}(\overline{AD}^2 + \overline{BD}^2 - \overline{AB}^2) + \overline{BD}(\overline{AD}^2 + \overline{CD}^2 - \overline{AC}^2) = 0$$
정리하면
$$\overline{AB}^2 \cdot \overline{CD} + \overline{AC}^2 \cdot \overline{BD} = \overline{AD}^2(\overline{BD} + \overline{CD}) + \overline{BD} \cdot \overline{CD}(\overline{BD} + \overline{CD})$$
$$\overline{AB}^2 \cdot \overline{CD} + \overline{AC}^2 \cdot \overline{BD} = \overline{BC}(\overline{AD}^2 + \overline{BD} \cdot \overline{CD})$$
가 성립한다.

정리 114 **바리논의 평행사변형**

(1) 사각형의 네 변의 중점을 이어서 만든 사각형은 평행사변형이고, 둘레의 길이는 원래의
    사각형의 대각선 길이의 합과 같다.
(2) 평행사변형의 네 변의 길이의 제곱의 합은 대각선 길이의 제곱의 합과 같다.

증명

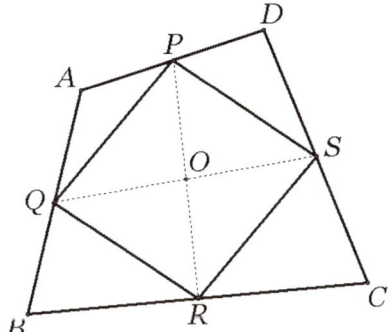

(1) 삼각형의 중점연결정리에 의해
$$\overline{PQ} = \frac{1}{2}\,\overline{BD} = \overline{RS}, \ \ \overline{PS} = \frac{1}{2}\,\overline{AC} = \overline{QR}$$
이므로
$$\overline{PQ} + \overline{QR} + \overline{RS} + \overline{SP} = \overline{AC} + \overline{BD}$$
가 성립한다.

(2) 파푸스의 중선정리에 의해
$$\begin{aligned}
\overline{PQ}^2 + \overline{QR}^2 + \overline{RS}^2 + \overline{SP}^2 &= 2\,(\overline{PQ}^2 + \overline{QR}^2\,)\\
&= 2 \times 2(\overline{PO}^2 + \overline{QO}^2)\\
&= \overline{PR}^2 + \overline{QS}^2
\end{aligned}$$
이므로.
$$\overline{PQ}^2 + \overline{QR}^2 + \overline{RS}^2 + \overline{SP}^2 = \overline{PR}^2 + \overline{QS}^2$$
이 성립한다.

정리 115 바리논의 평행사변형 응용

사각형 $ABCD$에서 대각선 $\overline{AC}$, $\overline{BD}$의 중점을 각각 X, Y라 하면
$$\overline{AB}^2 + \overline{BC}^2 + \overline{CD}^2 + \overline{DA}^2 = \overline{AC}^2 + \overline{BD}^2 + 4\overline{XY}^2$$
이 성립한다.

증명

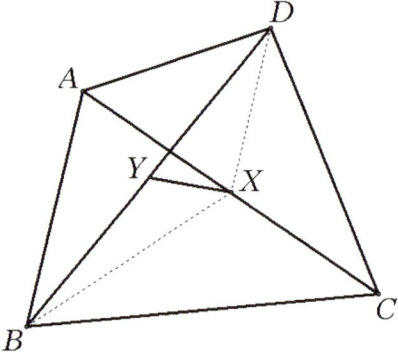

파푸스의 중선정리를 이용하면 $\overline{AB}^2 + \overline{BC}^2 = 2(\overline{BX}^2 + \overline{AX}^2)$에서
$$4\overline{BX}^2 = 2\overline{AB}^2 + 2\overline{BC}^2 - \overline{AC}^2 \quad \cdots\cdots\cdots ①$$

같은 방식으로
$$4\overline{DX}^2 = 2\overline{DA}^2 + 2\overline{CD}^2 - \overline{AC}^2 \quad \cdots\cdots\cdots ②$$
$$4\overline{XY}^2 = 2\overline{BX}^2 + 2\overline{DX}^2 - \overline{BD}^2 \quad \cdots\cdots\cdots ③$$

$\dfrac{1}{2}(①+②)+③$ 하면
$$4\overline{XY}^2 + 2\overline{BX}^2 + 2\overline{DX}^2 = \overline{AB}^2 + \overline{BC}^2 + \overline{DA}^2 + \overline{CD}^2 - \overline{AC}^2 + 2\overline{BX}^2 + 2\overline{DX}^2 - \overline{BD}^2$$

정리하면
$$\overline{AB}^2 + \overline{BC}^2 + \overline{CD}^2 + \overline{DA}^2 = \overline{AC}^2 + \overline{BD}^2 + 4\overline{XY}^2$$
이 성립한다.

삼각형 ABC의 무게중심을 G라 하면
$$\overline{AB}^2 + \overline{AC}^2 = \overline{BG}^2 + \overline{CG}^2 + 4\,\overline{AG}^2$$
이 성립한다.

증명

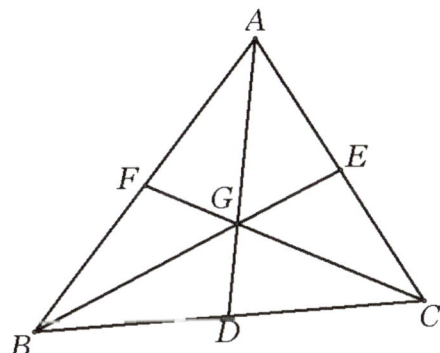

파푸스의 중선정리에 의해
$$\overline{AB}^2 + \overline{AC}^2 = 2\left(\overline{AD}^2 + \overline{BD}^2\right) \quad\cdots\cdots\cdots ①$$
$$\overline{BG}^2 + \overline{CG}^2 = 2\left(\overline{GD}^2 + \overline{BD}^2\right) \quad\cdots\cdots\cdots ②$$

$\overline{AG} = \dfrac{2}{3}\,\overline{AD},\ \overline{GD} = \dfrac{1}{3}\,\overline{AD}$ 이므로
$$2\,\overline{AD}^2 = 4\,\overline{AG}^2 + 2\,\overline{GD}^2 \quad\cdots\cdots\cdots ③$$

③을 ②에 대입해서 정리하면
$$\begin{aligned}
\overline{BG}^2 + \overline{CG}^2 + 4\overline{AG}^2 &= 2\,\overline{GD}^2 + 2\,\overline{BD}^2 + 2\,\overline{AD}^2 - 2\,\overline{GD}^2 \\
&= 2\left(\overline{AD}^2 + \overline{BD}^2\right) \\
&= \overline{AB}^2 + \overline{AC}^2
\end{aligned}$$
이 성립한다.

1. 한 변의 길이가 a이고, 외접원의 반지름의 길이가 R인 정삼각형 ABC에서 외접원 위의 임의의 점을 P라 하면
$$\overline{PA}^2 + \overline{PB}^2 + \overline{PC}^2 = 2a^2 = 6R^2$$
이 성립함을 보여라.

2. 삼각형 ABC에서 $\overline{AB}, \overline{BC}, \overline{CA}$ 의 중점을 각각 D, E, F라 할 때 $\overline{AE} \perp \overline{CD}$ 이다. $\overline{AB} = 10$, $\overline{CD} = 9$를 만족할 때 $\overline{BF}$의 길이를 구하여라.

3. 삼각형 ABC의 무게중심을 G라 하고, 외부의 임의의 한 점을 P라고 하면
$$\overline{PA}^2 + \overline{PB}^2 + \overline{PC}^2 = \overline{GA}^2 + \overline{GB}^2 + \overline{GC}^2 + 3\overline{PG}^2$$
이 성립함을 보여라.

4. 삼각형 ABC의 외접원의 반지름을 R, 외심을 O, 수심을 H라 할 때
$$\overline{OH}^2 = 9R^2 - a^2 - b^2 - c^2$$
이 성립함을 보여라.

5. 삼각형 ABC의 세 중선을 $\overline{AD}, \overline{BE}, \overline{CF}$라 할 때
$$3(\overline{BC}^2 + \overline{CA}^2 + \overline{AB}^2) = 4(\overline{AD}^2 + \overline{BE}^2 + \overline{CF}^2)$$
이 성립함을 보여라.

원의 성질과
관련된 정리들

06

정리 117

반지름이 각각 a, b 이고 서로 외접하는 두 원 A, B 가 있다. 두 원에 외접하고, 또 원 A, B 의 공통외접선에 접하는 원 O의 반지름을 r 이라 하면 다음이 성립한다.

$$\frac{1}{\sqrt{r}} = \frac{1}{\sqrt{b}} \pm \frac{1}{\sqrt{a}}$$

증명

(1) 원 O가 두 원과 공통외접선의 내부에 있을 때

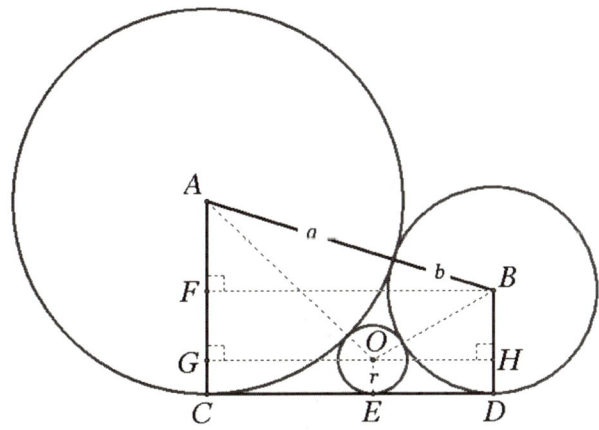

$\overline{BF} = \overline{CD} = \overline{GH} = \overline{GO} + \overline{OH}$ 에서

$$\sqrt{(a+b)^2 - (a-b)^2} = \sqrt{(a+r)^2 - (a-r)^2} + \sqrt{(b+r)^2 - (b-r)^2}$$

정리하면

$$2\sqrt{ab} = 2\sqrt{ar} + 2\sqrt{br}$$

이고, 양변을 $2\sqrt{abr}$ 로 약분하면

$$\frac{1}{\sqrt{r}} = \frac{1}{\sqrt{b}} \pm \frac{1}{\sqrt{a}}$$

이 성립한다.

⑵ 원 O가 두 원과 공통외접선의 외부에 있을 때

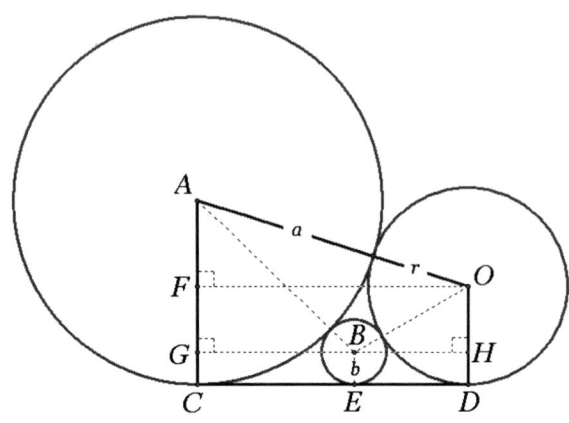

$\overline{OF} = \overline{CD} = \overline{GH} = \overline{GB} + \overline{BH}$ 에서

$$\sqrt{(a+r)^2 - (a-r)^2} = \sqrt{(a+b)^2 - (a-b)^2} + \sqrt{(r+b)^2 - (r-b)^2}$$

⑴과 같은 방법으로 정리하면

$$\frac{1}{\sqrt{r}} = \frac{1}{\sqrt{b}} - \frac{1}{\sqrt{a}}$$

이 성립한다.

정리 118

그림과 같이 세 개의 반원 O, O_1, O_2 가 서로 접해 있을 때 접점 D 에서 $\overline{AB}$ 에 수선을 그어 $\overarc{AB}$ 와 만나는 점을 C 라 하고, O_1, O_2 에 공통접선을 그어 그 접점을 각각 E, F 라 할 때 $\overline{CD} = \overline{EF}$ 가 성립한다.

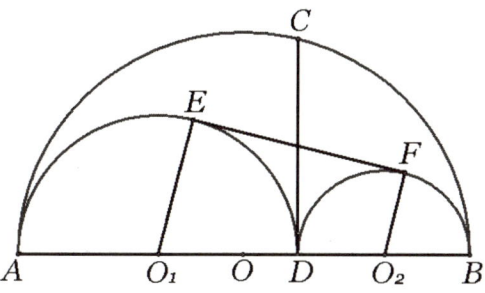

증명

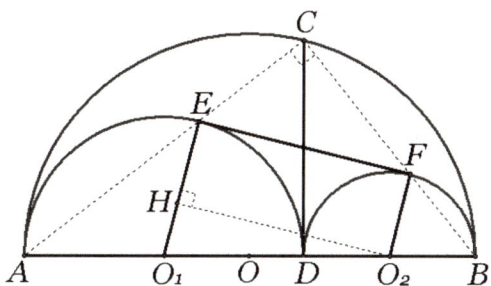

원 O_1 의 반지름을 a, 원 O_2 의 반지름을 b 라 하면 $\angle ACB = 90^\circ$ 이므로
직각삼각형의 사영에 대한 정리에 의해

$$\overline{CD}^2 = \overline{AD} \cdot \overline{BD} = 4ab \quad\cdots\cdots\cdots\cdots\cdots\cdots\text{①}$$

$$\overline{EF}^2 = \overline{O_2H}^2 = (a+b)^2 - (a-b)^2 = 4ab \quad\cdots\cdots\cdots\text{②}$$

①②에서 $\overline{CD} = \overline{EF}$ 가 성립한다.

정리 119

원에 외접하는 사각형의 특징은 대변의 길이의 합이 같다.

증명

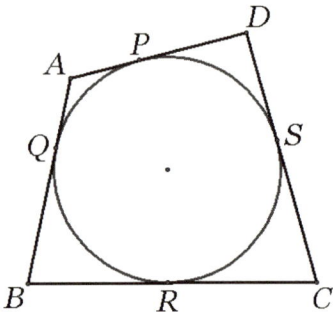

원 밖의 점에서 원에 그은 두 접선의 길이는 같으므로

$\overline{AP} = \overline{AQ}, \ \overline{BQ} = \overline{BR}, \ \overline{CR} = \overline{CS}, \ \overline{DS} = \overline{DP}$ 에서

$$\overline{AB} + \overline{CD} = \overline{AD} + \overline{BC}$$

가 성립한다.

정리 120

원에 외접하는 사각형 $ABCD$에서 삼각형 ABC의 내접원 O와 삼각형 ACD의 내접원 O'는 서로 외접한다.

증명

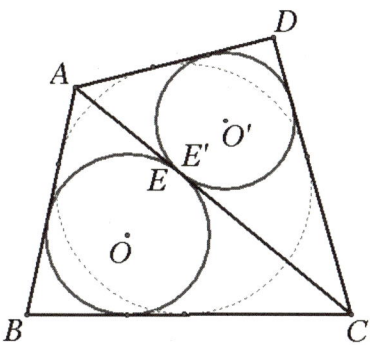

원 O, O'가 $\overline{AC}$와 접하는 점을 각각 E, E'라 할 때, $\overline{AE} = \overline{AE'}$임을 보여주면 된다.

(1) 원에 외접하는 사각형의 성질에 의해

$$\overline{AB} + \overline{CD} = \overline{AD} + \overline{BC}$$

(2) **정리 12**에 의해

$$\overline{AE} = \frac{1}{2}(\overline{AB} + \overline{BC} + \overline{CA}) - \overline{BC} = \frac{1}{2}(\overline{AB} - \overline{BC} + \overline{AC})$$

$$\overline{AE'} = \frac{1}{2}(\overline{AC} + \overline{CD} + \overline{AD}) - \overline{CD} = \frac{1}{2}(\overline{AC} - \overline{CD} + \overline{AD})$$

(1)을 (2)에 대입하면

$$\overline{AE} = \overline{AE'}$$

가 성립한다.

정리 121

삼각형 ABC의 내접원이 변 $\overline{BC}$와 접하는 점을 D라 하면, 두 삼각형 ABD와 삼각형 ACD의 내접원은 서로 접한다.

증명

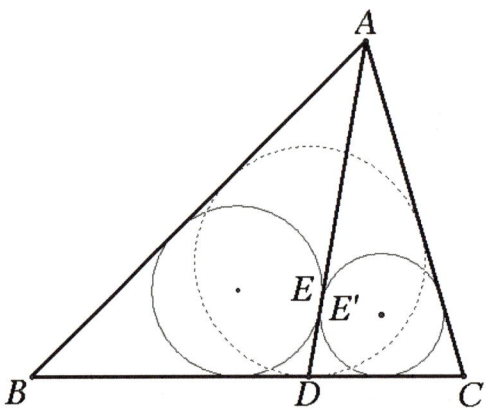

정리 120 과 같은 방법으로 $\triangle ABD$, $\triangle ACD$의 내접원이 $\overline{AD}$와 접하는 점을 각각 E, E'라 할 때, $\overline{AE} = \overline{AE'}$임을 보여주면 된다.

(1) $\overline{PA} \cdot \overline{PB} = \overline{PC} \cdot \overline{PD} = \overline{PE} \cdot \overline{PF} = d^2 - r^2$

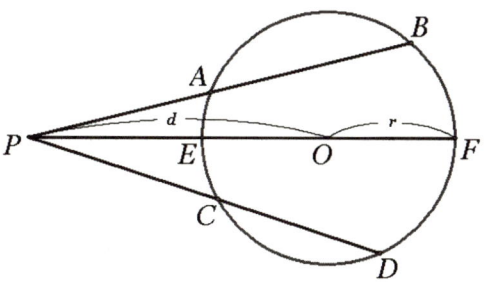

(2) $\overline{PA} \cdot \overline{PB} = \overline{PQ} \cdot \overline{PR} = \overline{PC} \cdot \overline{PD}$

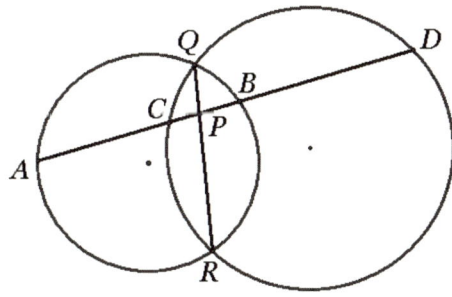

(3) $\overline{PA} \cdot \overline{PB} = \overline{PQ} \cdot \overline{PR} = \overline{PC} \cdot \overline{PD}$

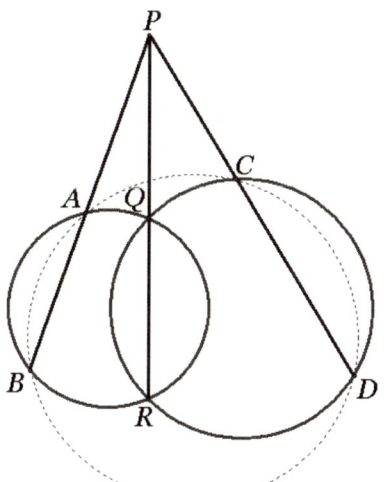

정리 123

삼각형 ABC 의 변 $\overline{AB}$ 또는 그 연장선이 한 원과 D, D' 에서 만나고, $\overline{BC}$ 또는 그 연장선
이 그 원과 E, E' 에서 만나고, $\overline{CA}$ 또는 그 연장선이 그 원과 F, F' 에서 만날 때

$$\frac{\overline{AD} \cdot \overline{BE} \cdot \overline{CF}}{\overline{BD} \cdot \overline{CE} \cdot \overline{AF}} \cdot \frac{\overline{AD'} \cdot \overline{BE'} \cdot \overline{CF'}}{\overline{BD'} \cdot \overline{CE'} \cdot \overline{AF'}} = 1$$

이 성립한다.

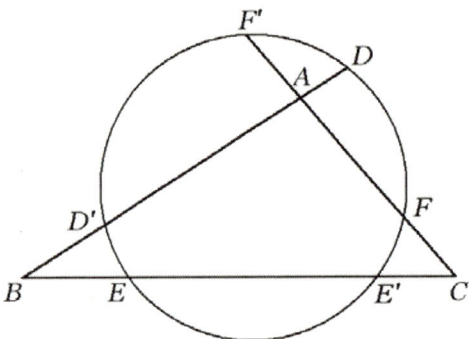

증명

방멱에 대한 정리에 의해

$$\overline{AD} \cdot \overline{AD'} = \overline{AF} \cdot \overline{AF'}$$
$$\overline{BE} \cdot \overline{BE'} = \overline{BD} \cdot \overline{BD'}$$
$$\overline{CF} \cdot \overline{CF'} = \overline{CE} \cdot \overline{CE'}$$

이므로 각 변을 곱해서 나누면

$$\frac{\overline{AD} \cdot \overline{BE} \cdot \overline{CF}}{\overline{BD} \cdot \overline{CE} \cdot \overline{AF}} \cdot \frac{\overline{AD'} \cdot \overline{BE'} \cdot \overline{CF'}}{\overline{BD'} \cdot \overline{CE'} \cdot \overline{AF'}} = 1$$

이 성립한다.

정리 124

원의 중심에서 접점을 이은 선분과 접선이 이루는 각도는 $90°$ 이다

증명 귀류법

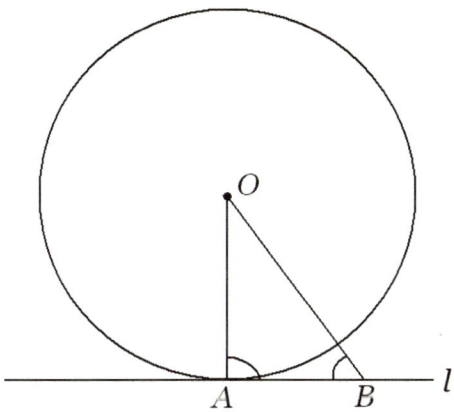

$\overline{OA} \perp l$ 이 아니라고 가정하면

직선 l 위에 $\angle OAB = \angle OBA$ 가 되는 점 B를 잡을 수 있다.

그러면 $\angle OAB = \angle OBA$이므로 $\triangle OAB$가 이등변삼각형이 되어

$$\overline{OA} = \overline{OB}$$

가 된다.

$\overline{OA} = \overline{OB}$이면 B점도 반드시 원 O 위의 점이 되게 되어 직선 l이 원과 한 점에서 만난다는 가정에 모순이다.

그러므로 원의 중심과 접점을 이은 선분은 접선과 수직이다.

정리 125 브라마굽타(Brahmagupta, 598~660)의 문제

원에 내접하는 사각형 $ABCD$의 대각선이 서로 직교할 때, 그 교점 O에서 한 변 $\overline{BC}$에 그은 수선 $\overline{OE}$의 연장선은 $\overline{BC}$의 대변 $\overline{AD}$를 이등분한다.

증명

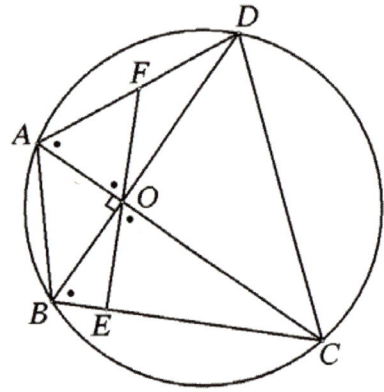

(1) $\angle OBC = \angle COE = \angle FOA$, $\angle OBC = \angle FAO$

(2) $\angle FOD = \angle BOE = \angle ECO = \angle FDO$

(1)(2)에서
$$\overline{FA} = \overline{FO} = \overline{FD}$$
가 성립한다.

정리 126 심슨(Robert Simson, 1687~1768)의 선

삼각형의 외접원 위에 있는 한 점에서 삼각형의 세 변 또는 그 연장선에 수선의 발을 내리면
그 세 점(수선의 발)은 같은 직선 위에 있다

증명

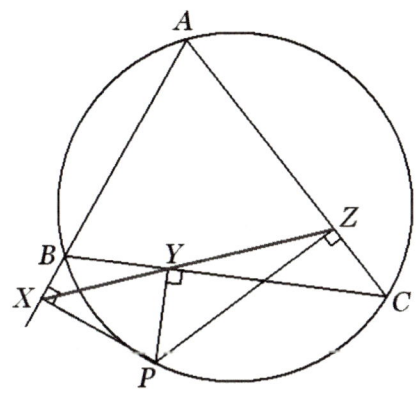

$\angle XYZ = 180°$임을 보여주면 된다.

$\angle BXP = \angle BYP = \angle PYC = \angle PZC = 90°$이므로

네 점 X, B, Y, P와 Y, P, C, Z는 각각 한 원 위의 점이다.

$$\angle XYP = \angle XBP = \angle PCZ \cdots\cdots\cdots\cdots\cdots ①$$

$$\angle PYZ + \angle PCZ = 180° \cdots\cdots\cdots\cdots\cdots ②$$

①에서 $\angle PCZ = \angle XYP$이므로 ②에 대입하면

$$\angle XYP + \angle PYZ = 180°$$

가 성립한다.

정리 127

원주 위의 세 점 A, B, C에 대해 $\overarc{BC}$ (A를 포함하지 않는) 위에 $\overline{AD} = \overline{CD}$가 되도록 점 D를 잡고, D에서 현 $\overline{BC}$에 내린 수선의 발을 E라 하면, $\overline{AB} + \overline{BE} = \overline{CE}$가 성립한다.

증명

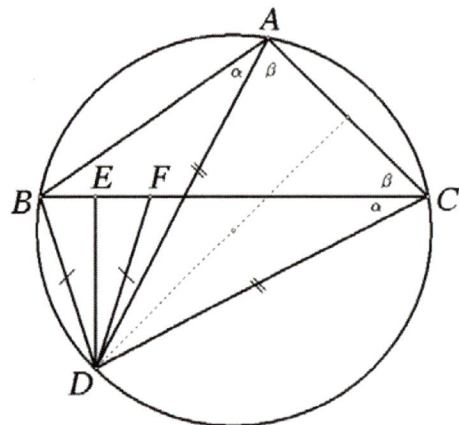

$\overline{BC}$ 위에 $\overline{BE} = \overline{EF}$가 되도록 F를 잡으면 $\triangle BDF$는 이등변삼각형이므로

$$\overline{BD} = \overline{DF} \quad \cdots\cdots\cdots\cdots\cdots\cdots\cdots\cdots\cdots\cdots ①$$

이다. $\angle BAD = \angle BCD = \alpha$, $\angle DAC = \angle ACD = \beta$라 하면

$$\angle BDA = \angle FDC = \beta - \alpha \quad \cdots\cdots\cdots\cdots\cdots ②$$

또, 조건에서

$$\overline{AD} = \overline{CD} \quad \cdots\cdots\cdots\cdots\cdots\cdots\cdots\cdots\cdots\cdots ③$$

이므로 ① ② ③에서

$$\triangle DBA \equiv \triangle DFC\,(SAS)$$

이므로

$$\overline{AB} + \overline{BE} = \overline{EF} + \overline{CF} = \overline{CE}$$

가 성립한다.

정리 128 아르키메데스의 문제

원과 원 내부의 임의의 점 P가 있다. P를 지나고 직교하는 두 현을 $\overline{AB}$, $\overline{CD}$라 할 때 $\overline{AB}^2 + \overline{CD}^2$은 일정한 값을 가진다. 즉, P를 지나는 직각인 두 현 $\overline{AB}$, $\overline{CD}$를 어떻게 작도하더라도 $\overline{AB}^2 + \overline{CD}^2$의 값은 변하지 않는다.

증명

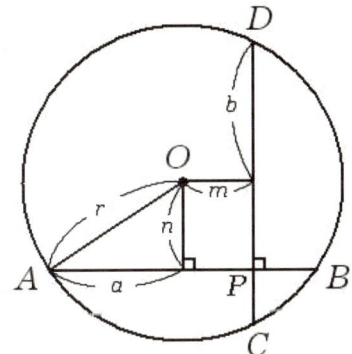

$\overline{AB} = 2a$, $\overline{CD} = 2b$라 하고 O에서 $\overline{AB}$, $\overline{CD}$에 이르는 거리를 각각 n, m이라 하면

$$\begin{aligned}\overline{AB}^2 + \overline{CD}^2 &= 4(a^2 + b^2) \\ &= 8r^2 - 4(m^2 + n^2) \\ &= 8r^2 - 4\overline{OP}^2\end{aligned}$$

이 성립한다.

정리 129

삼각형 ABC에서 수심을 H라 하고, $\overline{AH}$의 연장선이 $\triangle ABC$의 외접원과 만나는 점을 D라 할 때 $\overline{DE} = \overline{EH}$가 성립한다.

증명

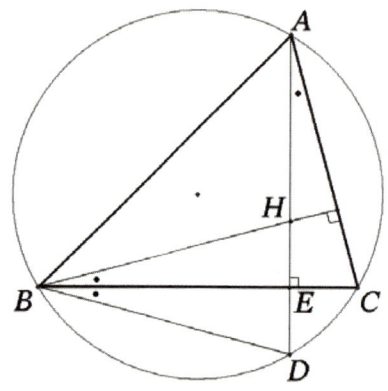

$\angle CBH = \angle CAD = \angle CBD$에서 $\triangle BEH \equiv \triangle BED \ (ASA)$ 이므로

$$\overline{DE} = \overline{EH}$$

가 성립한다.

정리 130 미쿼엘의 문제(Miquel, 1902)

교차하는 네 직선이 만나서 생기는 네 개의 삼각형의 외접원은 동일한 점을 지난다.

즉, 네 직선 $\overline{AE}$, $\overline{DE}$ 와 $\overline{AF}$, $\overline{BF}$ 가 $\triangle ADE$, $\triangle BCE$, $\triangle ABF$, $\triangle CDF$ 를 이룰 때 $\triangle ADE$, $\triangle BCE$, $\triangle ABF$, $\triangle CDF$ 의 외접원은 한 점에서 만난다.

증명

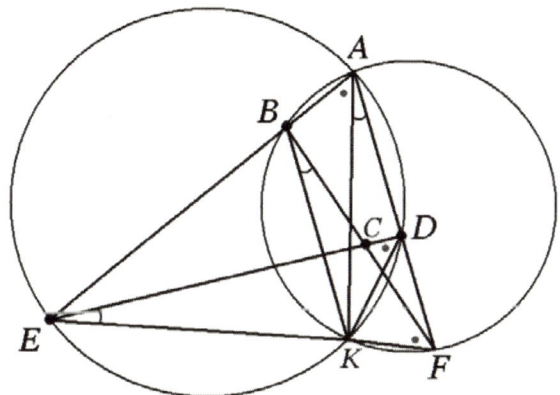

$\triangle ADE$, $\triangle ABF$ 의 외접원이 만나는 점 중 A 가 아닌 점을 K 라 하자.

⑴ $\angle EAK = \angle EDK$, $\angle EAK = \angle BAK = \angle BFK$ 에서
$$\angle CDK = \angle CFK$$
이므로 C, D, F, K 는 한 원 위의 점이 되어 $\triangle CDF$ 의 외접원은 K 를 지난다.

⑵ $\angle DEK = \angle DAK$, $\angle DAK = \angle FAK = \angle FBK$ 에서
$$\angle FBK = \angle CBK = \angle CEK = \angle DEK$$
이므로 C, B, E, K 는 한 원 위의 점이 되어 $\triangle CBE$ 의 외접원은 K 를 지난다.

정리 131 멘션의 문제❶

삼각형 ABC의 내심을 I라 하고 $\overline{AI}$의 연장선이 삼각형 ABC의 외접원과 만나는 점을 D라고 하면 $\overline{DB} = \overline{DI} = \overline{DC}$ 이다.

증명

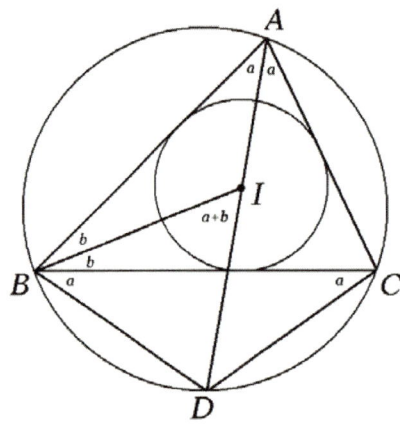

$\angle BAD = \angle BCD$ (원주각), $\angle CAD = \angle CBD$ (원주각)에서 $\angle DBC = \angle DCB$이므로

$$\overline{DB} = \overline{DC} \quad \cdots\cdots\cdots\cdots\cdots\cdots\cdots\cdots\cdots\cdots\cdots\cdots ①$$

가 성립한다.

$\angle BAI + \angle IBA = \angle BID = \angle IBC + \angle CBD = \angle IBD$ 이므로

$$\overline{DB} = \overline{DI} \quad \cdots\cdots\cdots\cdots\cdots\cdots\cdots\cdots\cdots\cdots\cdots\cdots ②$$

가 성립한다. ①②에서

$$\overline{DB} = \overline{DI} = \overline{DC}$$

가 성립한다.

정리 132 멘션의 문제❷

삼각형의 내심과 방심을 연결하는 선분, 또는 두 방심을 연결하는 선분은 이 삼각형의 외접원에 의해 이등분된다.

증명

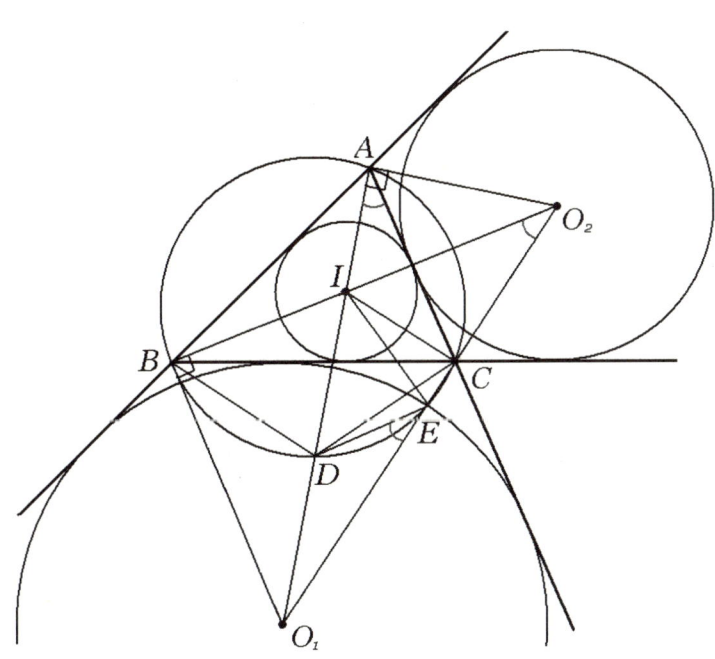

(1) **정리 131** 에서 $\overline{ID} = \overline{DB}$ 이고 $\angle IBO_1 = 90°$ 이므로 D 가 직각삼각형 IBO_1 의 외심이 되어

$$\overline{ID} = \overline{DO_1} \quad\cdots\cdots\cdots\cdots\cdots\cdots\cdots\cdots\cdots\cdots\cdots\cdots\cdots\cdots\cdots ①$$

(2) $\angle IAO_2 = \angle ICO_2 = 90°$ 에서 I, A, O_2, C 는 한 원 위의 점이므로

$$\angle IAC = \angle IO_2C \quad\cdots\cdots\cdots\cdots\cdots\cdots\cdots\cdots\cdots\cdots\cdots\cdots ②$$

A, C, E, D 가 한 원 위의 점이므로

$$\angle DEO_1 = \angle DAC \quad\cdots\cdots\cdots\cdots\cdots\cdots\cdots\cdots\cdots\cdots\cdots\cdots ③$$

②③에서 $\angle DEO_1 = \angle IO_2C$ 이므로

$$\overline{IO_2} /\!/ \overline{DE} \quad\cdots\cdots\cdots\cdots\cdots\cdots\cdots\cdots\cdots\cdots\cdots\cdots\cdots\cdots ④$$

①④에서 삼각형의 중점연결정리에 의해

$$\overline{O_1E} = \overline{O_2E}$$

가 성립한다.

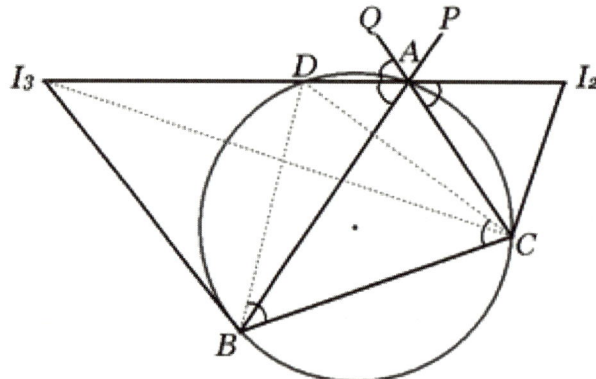

정리 133

삼각형 ABC의 $\angle B$, $\angle C$안의 방심을 각각 I_2, I_3라 하고, $\angle A$의 외각의 이등분선이 외접원 O와 만나는 점을 D라 하면
$$\overline{DI_2} = \overline{DI_3} = \overline{DB} = \overline{DC}$$
가 성립한다.

증명

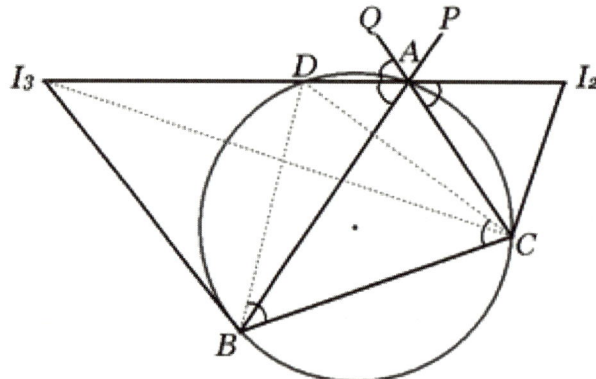

(1) $\angle QAD = \angle DAB = \angle DCB$, $\angle QAD = \angle I_2AC = \angle DBC$에서
$$\overline{DB} = \overline{DC}$$
가 성립한다.

(2) $\angle DI_2C = 90 - \dfrac{1}{2}\angle ABC$에서

$$\angle DCI_2 = 180 - \angle ABC - (\angle DI_2C) = 90 - \dfrac{1}{2}\angle ABC$$

이므로 $\overline{DC} = \overline{DI_2}$

이다. 같은 방식으로 $\overline{DB} = \overline{DI_3}$가 성립한다.

178

정리 134 오일러의 구점원(Euler, 1765)

삼각형 ABC의 각 꼭짓점에서 대변에 내린 수선의 발을 각각 D, E, F라 하고, 세 변의 중점을 각각 L, M, N, 그리고 수심 H와 각 꼭짓점까지의 중점을 각각 P, Q, R이라 하면 이 9개의 점은 같은 원 위에 있다.

증명

(1) $\overline{ML} \parallel \overline{DN}$이고 $\overline{MN} = \dfrac{1}{2}\overline{AC}$, $\overline{DL} = \overline{LC} = \dfrac{1}{2}\overline{AC}$이므로

  □$MNDL$은 등변사다리꼴이 되어 원에 내접

(2) $\overline{PD} \perp \overline{DN}$, $\overline{PL} \perp \overline{LN}$에서

  P, L, D, N은 한 원 위의 점

(3) $\overline{PD} \perp \overline{DN}$, $\overline{PF} \perp \overline{FN}$에서

  P, F, D, N은 한 원 위의 점

(4) $\overline{PQ} \perp \overline{QN}$, $\overline{PF} \perp \overline{FN}$

  P, Q, D, N은 한 원 위의 점

(5) $\overline{PQ} \perp \overline{PL}$, $\overline{RQ} \perp \overline{RL}$

  P, Q, R, L은 한 원 위의 점

(6) $\overline{LR} \perp \overline{RQ}$, $\overline{LE} \perp \overline{EQ}$

  E, Q, R, L은 한 원 위의 점

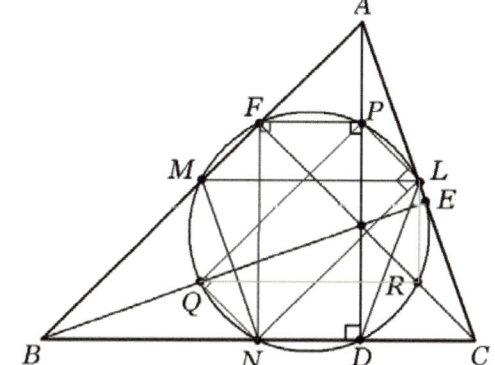

(1)~(6)에서 9개의 점은 모두 한 원 위에 있다.

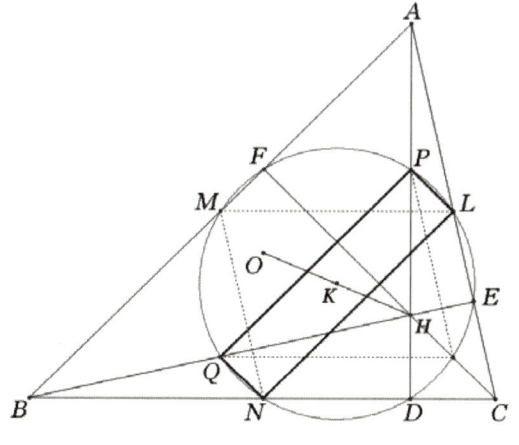
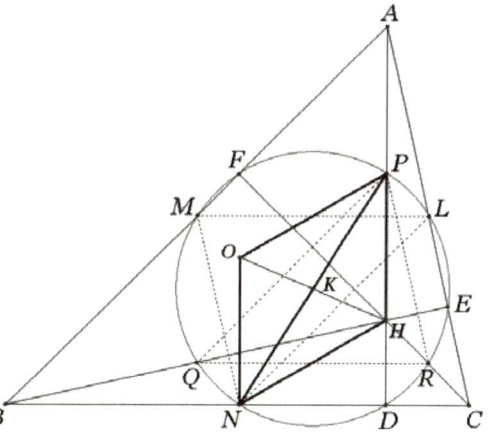

□$PQNL$이 직사각형이므로 $\overline{PN}$은 구점원의 지름이다. 또 □$PONH$가 평행사변형이므로 대각선의 중점 K가 구점원의 중심 즉, 구점중심이 된다.

△HOA에서 $\overline{KP} = \dfrac{1}{2}\overline{OA}$ 이므로 △ABC의 외접원의 반지름을 R이라고 하면 구점원의 반지름은 $\dfrac{1}{2}R$이다.

정리 135

삼각형 ABC의 외접원은 삼각형 $O_1 O_2 O_3$(방심을 이은 삼각형)의 구점원이다.

증명

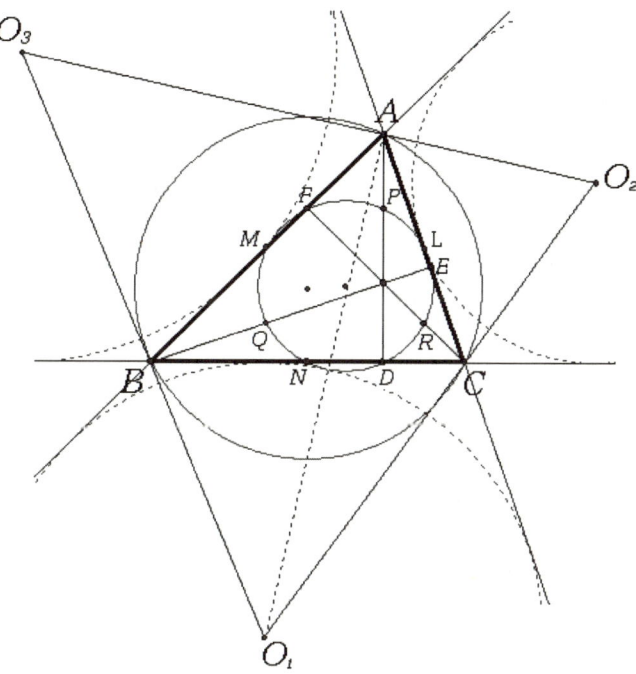

$\angle O_1 A O_3 = 90°$ (외각과 내각의 이등분선)이므로

$$\overline{O_1 A} \perp \overline{O_2 O_3}$$

같은 방법으로

$$\overline{O_2 B} \perp \overline{O_1 O_3}, \quad \overline{O_3 C} \perp \overline{O_1 O_2}$$

가 되어, A, B, C는 $\triangle O_1 O_2 O_3$의 세 꼭짓점에서 대변에 내린 수선의 발이다.

정리 136 나겔의 문제(Nagel, 1803~1882)

삼각형 ABC의 꼭짓점에서 대변에 내린 수선의 발을 D, E, F라 하고, 외심 O와 각 꼭짓점을 이으면 이 직선은 삼각형 DEF의 각 변과 수직이다.

증명

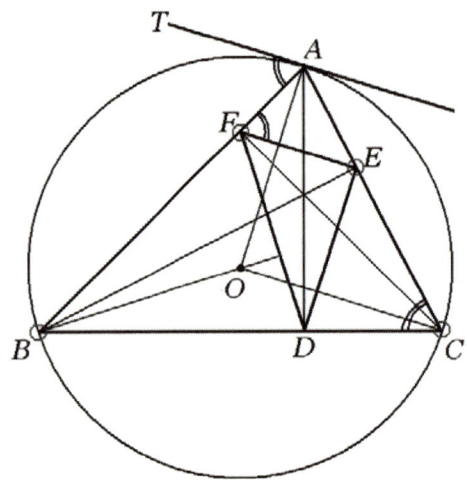

$\overline{BE} \perp \overline{AC}$, $\overline{CF} \perp \overline{AB}$이므로 B, C, E, F는 한 원 위의 점이다.

A를 지나는 접선을 그으면

$$\angle TAF = \angle ACB \,(\text{접현각과 내대각})$$

$$\angle AFE = \angle ACB \,(\text{외각과 내대각})$$

이므로

$$(\overline{AT} \;/\!/\; \overline{EF}) \perp \overline{OA}$$

가 성립한다.

같은 방식으로 $\overline{DF} \perp \overline{OB}$, $\overline{DE} \perp \overline{OC}$가 성립한다.

정리 137 나비정리

M은 현 $\overline{AB}$의 중점이고, M을 지나는 두 현 $\overline{PQ}$, $\overline{RS}$ 가 있다. $\overline{PR}$, $\overline{SQ}$가 $\overline{AB}$와 만나는 점을 각각 C, D 라 할 때 $\overline{MC} = \overline{MD}$ 가 성립한다.

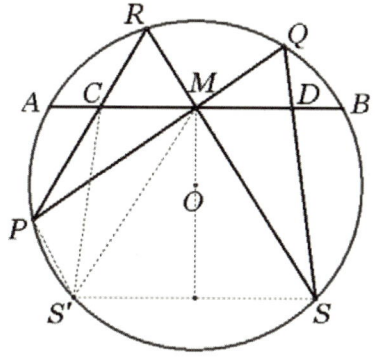

증명

S에서 $\overline{AB}$에 평행선을 그어 원 O와 만나는 점을 S' 라 하면, $\triangle MSS'$ 는 직선 $\overline{OM}$에 대해 대칭인 삼각형이므로 $\triangle MSS'$ 는 $\overline{MS} = \overline{MS'}$ 인 이등변삼각형이다.

$$\angle MS'S = \angle MSS' = \angle AMS' \quad \cdots\cdots \text{①}$$

이에서

$$\angle RPS' + \angle RSS' = \angle RPS' + MSS' = \angle CPS' + CMS' = 180°$$

이므로

네 점 C, P, S', M은 한 원 위의 점이다. $\quad \cdots\cdots \text{②}$

①②에서

$$\angle CS'M = \angle CPM = \angle RPQ = \angle RSQ = \angle MSD$$
$$\overline{MS} = \overline{MS'}$$
$$\angle CMS' = \angle MS'S = \angle MSS' = \angle DMS$$

이므로

$$\triangle CMS' \equiv \triangle DMS (ASA)$$

에서

$$\overline{MC} = \overline{MD}$$

가 성립한다.

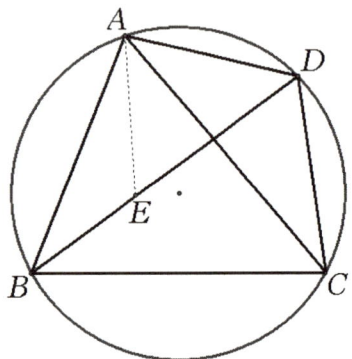

정리 138 톨레미의 정리(Ptolemy's theorem)

사각형 $ABCD$가 원에 내접할 때 대각선의 곱은 대변끼리의 곱의 합과 같다. 즉,

$$\overline{AB} \cdot \overline{CD} + \overline{BC} \cdot \overline{DA} = \overline{AC} \cdot \overline{BD}$$

가 성립한다.

증명

$\overline{BD}$ 위에 $\angle BAE = \angle CAD$를 만족하는 점 E를 잡으면 두 삼각형 ABE와 ACD에서

$$\frac{\overline{AB}}{\overline{AC}} = \frac{\overline{BE}}{\overline{CD}}$$

이므로

$$\overline{AC} \cdot \overline{BE} = \overline{AB} \cdot \overline{CD} \quad \cdots\cdots\cdots\cdots\cdots\cdots\cdots\cdots ①$$

또, $\triangle ABC \backsim \triangle AED$에서

$$\frac{\overline{BC}}{\overline{CA}} = \frac{\overline{DE}}{\overline{AD}}$$

이므로

$$\overline{AC} \cdot \overline{DE} = \overline{AD} \cdot \overline{BC} \quad \cdots\cdots\cdots\cdots\cdots\cdots\cdots\cdots ②$$

①+② 하면

$$\overline{AB} \cdot \overline{CD} + \overline{AD} \cdot \overline{BC} = \overline{AC} \cdot (\overline{DE} + \overline{BE}) = \overline{AC} \cdot \overline{BD}$$

가 성립한다.

184

A, B, C, D를 같은 평면 위의 네 점이라 할 때 부등식

$$\overline{AC} \cdot \overline{BD} \leq \overline{AB} \cdot \overline{CD} + \overline{BC} \cdot \overline{DA}$$

가 성립한다. 단, 등호는 네 점 A, B, C, D가 같은 원 위에 있을 때 성립한다.

증명

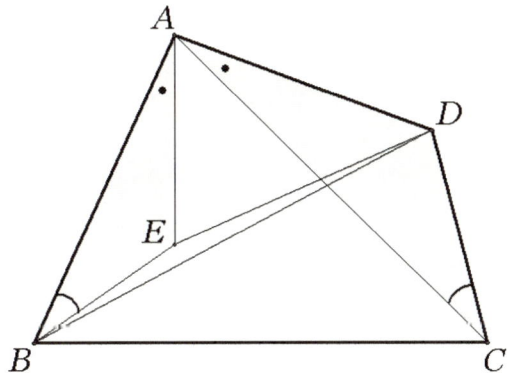

$\angle BAE = \angle CAD$, $\angle ABE = \angle ACD$를 만족하는 점 E를 □$ABCD$의 내부에 잡으면
$\triangle ABE \sim \triangle ACD$에서

$$\frac{\overline{AB}}{\overline{AC}} = \frac{\overline{AE}}{\overline{AD}} = \frac{\overline{BE}}{\overline{CD}}$$

$$\overline{AB} \cdot \overline{CD} = \overline{AC} \cdot \overline{BE} \quad \cdots\cdots\cdots\cdots\cdots\cdots\cdots\cdots\cdots\cdots \text{①}$$

이므로 $\triangle ADE \sim \triangle ACB \,(SAS)$에서

$$\frac{\overline{AD}}{\overline{DE}} = \frac{\overline{AC}}{\overline{BC}}$$

$$\overline{AD} \cdot \overline{BC} = \overline{AC} \cdot \overline{DE} \quad \cdots\cdots\cdots\cdots\cdots\cdots\cdots\cdots\cdots\cdots \text{②}$$

①+② 하면

$$\overline{AB} \cdot \overline{CD} + \overline{AD} \cdot \overline{BC} = \overline{AC}(\overline{BE} + \overline{DE})$$
$$\geq \overline{AC} \cdot \overline{BD}$$

가 성립한다.

정리 140 파푸스의 문제❶

원 위의 임의의 점 P에서 원에 내접하는 사각형 $ABCD$의 네 변 $\overline{AB}$, $\overline{BC}$, $\overline{CD}$, $\overline{DA}$ 또는 그 연장선에 내린 수선의 발을 각각 E, F, G, H라 하면

$$\overline{PE} \cdot \overline{PG} = \overline{PF} \cdot \overline{PH}$$

가 성립한다.

증명

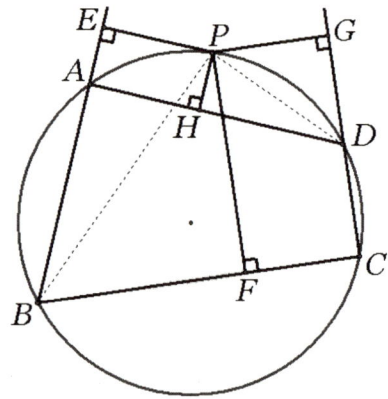

(1) $\triangle PEB \backsim \triangle PHD$에서

$$\frac{\overline{PE}}{\overline{PH}} = \frac{\overline{PB}}{\overline{PD}} \quad \cdots\cdots\cdots\cdots\cdots\cdots\cdots\cdots\cdots\cdots\cdots\cdots\cdots ①$$

(2) $\triangle PBF \backsim \triangle PDG$에서

$$\frac{\overline{PB}}{\overline{PD}} = \frac{\overline{PF}}{\overline{PG}} \quad \cdots\cdots\cdots\cdots\cdots\cdots\cdots\cdots\cdots\cdots\cdots\cdots\cdots ②$$

①②에서

$$\overline{PE} \cdot \overline{PG} = \overline{PF} \cdot \overline{PH}$$

가 성립한다.

정리 141 파푸스의 문제 ❷

원 O 의 접선을 $\overline{TA}$, $\overline{TB}$ 라 하고, 원 위의 임의의 한 점 P 에서 $\overline{TA}$, $\overline{TB}$, $\overline{AB}$ 에 수선의 발을 내려 그 점을 각각 E, G, F 라 하면 $\overline{PG}^2 = \overline{PE} \cdot \overline{PF}$ 가 성립한다.

증명

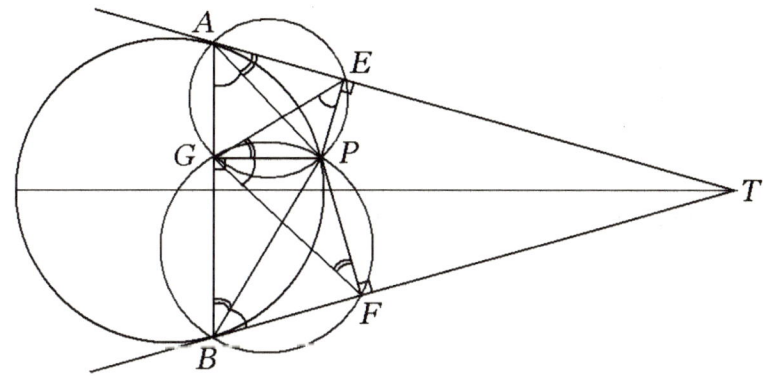

A, E, P, G 와 B, F, P, G 는 각각 한 원 위의 점이므로

$$\angle EGP = \angle EAP = \angle ABP = \angle PFG$$

$$\angle PEG = \angle PAG = \angle PBF = \angle PGF$$

에서 $\triangle PEG \backsim \triangle PGF$ 이 되고, $\dfrac{\overline{PE}}{\overline{PG}} = \dfrac{\overline{PG}}{\overline{PF}}$ 에서

$$\overline{PG}^2 = \overline{PE} \cdot \overline{PF}$$

가 성립한다.

정리 142 **아폴로니우스(Apollonius)의 원**

두 정점 A, B로부터의 거리의 비가 $m : n$인 점 P의 자취는 $\overline{AB}$를 $m : n$으로 내분, 외분하는 점을 지름의 양 끝으로 하는 원이다.

증명

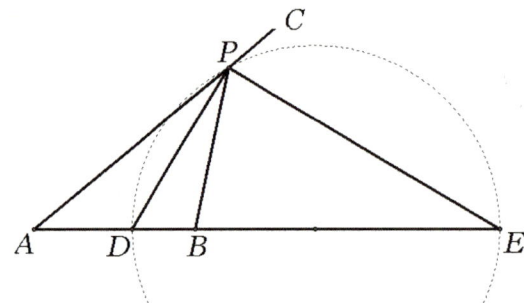

$\dfrac{\overline{PA}}{\overline{PB}} = \dfrac{\overline{AD}}{\overline{DB}} = \dfrac{\overline{AE}}{\overline{EB}} = \dfrac{m}{n}$ 이므로 각의 이등분선 정리의 역에 의해

$$\angle APD = \angle DPB,\ \angle BPE = \angle EPC$$

이므로

$$\angle DPE = 90^\circ$$

가 되어 점 P의 자취는 원이 됨을 알 수 있다.

정리 143 일정한 값

두 직각삼각형 ABC, ABD가 빗변 $\overline{AB}$를 공유하고, C, D는 $\overline{AB}$를 기준으로 양쪽에 위치할 때 A, B에서 $\overline{CD}$ 위에 내린 수선의 발을 E, F라 하면 $\overline{CE} = \overline{DF}$가 성립한다.

증명

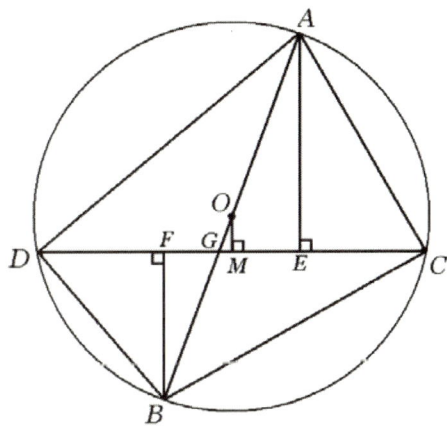

$\triangle OMG \backsim \triangle BFG \backsim \triangle AEG$에서

$$\frac{\overline{BG}}{\overline{OG}} = \frac{\overline{GF}}{\overline{MG}}$$

이고, 양변에 1을 더하면

$$\frac{\overline{BG}}{\overline{OG}} + 1 = \frac{\overline{GF}}{\overline{MG}} + 1 = \frac{\overline{OB}}{\overline{OG}} = \frac{\overline{MF}}{\overline{MG}} \quad \cdots\cdots\cdots\cdots\cdots\cdots\cdots① $$

$$\frac{\overline{OA}}{\overline{OG}} = \frac{\overline{ME}}{\overline{MG}} \quad \cdots\cdots\cdots\cdots\cdots\cdots\cdots\cdots\cdots\cdots\cdots\cdots② $$

①②에서

$$\overline{ME} = \overline{MF}$$

이고

$$\overline{MC} = \overline{MD}$$

이므로

$$\overline{DF} = \overline{CE}$$

가 성립한다.

정리 144 두 현이 이루는 각

원에서 $\overset{\frown}{BD} = \overset{\frown}{BC}$이고, 두 현 $\overline{AB}$, $\overline{CD}$가 P에서 만날 때

$$\angle APD = \frac{1}{2}(\angle AOD + \angle BOD)$$

가 성립한다.

증명

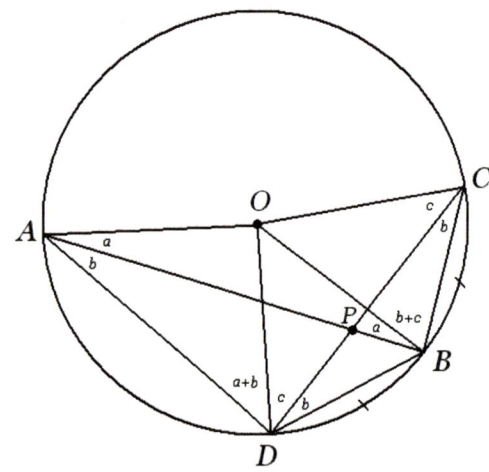

$\angle BOC = \angle BOD = 2b$, $\angle OAB = a$라 두면

$$\angle AOD = 180° - 2(a+b) \quad \text{\dotfill} \quad ①$$
$$\angle BOD = 180° - 2(b+c) \quad \text{\dotfill} \quad ②$$

에서

$$\angle APD = 180° - (a+2b+c) = \frac{1}{2}(\angle AOD + \angle BOD)$$

가 성립한다.

정리 145 두 원이 만날 때의 원주각

두 원이 두 점 P, Q에서 만나고, P를 지나는 임의의 두 현 $\overline{AB}$, $\overline{CD}$를 그었을 때
$\angle AQB = \angle CQD$가 성립한다.

증명

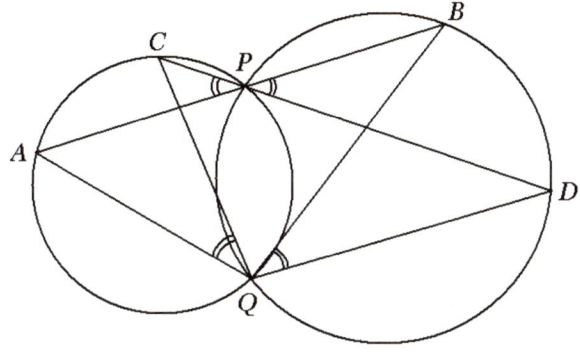

$\angle CPA = \angle CAQ$, $\angle BPD = \angle PDQ$
이므로
$$\angle AQB = \angle CQD$$
가 성립한다.

* 여기에서 조금 더 생각하면
$$\triangle AQB \backsim \triangle CQD$$
임을 알 수 있고, 이러한 닮음 삼각형들 중 가장 큰 삼각형은 $\overline{PQ}$에 수직인 직선이 두 원과 만나는 점을 각각 X, Y라 할 때 $\triangle XQY$임을 알 수 있다.

정리 146

삼각형 ABC의 외심에서 각 변에 내린 수선의 길이의 합은 외접원과 내접원의 반지름의 합과 같다. 즉,

$$h_1 + h_2 + h_3 = R + r$$

이 성립한다.

증명

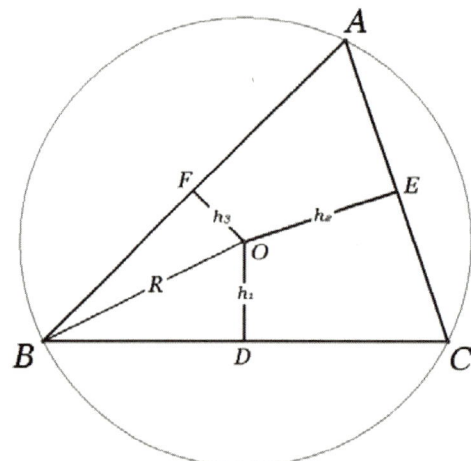

세 변 $\overline{BC}$, $\overline{CA}$, $\overline{AB}$를 각각 a, b, c라 하면

$$\frac{1}{2}r(a+b+c) = \frac{1}{2}(ah_1 + bh_2 + ch_3) \quad \cdots\cdots\cdots\cdots\cdots ①$$

$\square OFBD$, $\square ODCE$, $\square OEAF$에서 톨레미 정리를 각각 적용하면

$$\frac{1}{2}aR = \frac{1}{2}ch_2 + \frac{1}{2}bh_3 \quad \cdots\cdots\cdots\cdots\cdots ②$$

$$\frac{1}{2}bR = \frac{1}{2}ch_1 + \frac{1}{2}ah_3 \quad \cdots\cdots\cdots\cdots\cdots ③$$

$$\frac{1}{2}cR = \frac{1}{2}ah_2 + \frac{1}{2}bh_1 \quad \cdots\cdots\cdots\cdots\cdots ④$$

①+②+③+④ 하면

$$h_1 + h_2 + h_3 = R + r$$

이 성립한다.

정리 147 오일러의 삼각형 정리(Euler's triangle theorem)

삼각형 ABC에서 외심과 내심 사이의 거리를 d, 내접원과 외접원의 반지름을 각각 r, R이라 하면

$$d^2 = R(R - 2r)$$

원에 관한 점의 방멱($d^2 - R^2$)은 점이 원의 내부에 있을 때 음의 값을 가지고, 원주 위에 있을 때는 0, 원의 외부에 있을 때는 양의 값을 가진다.

증명

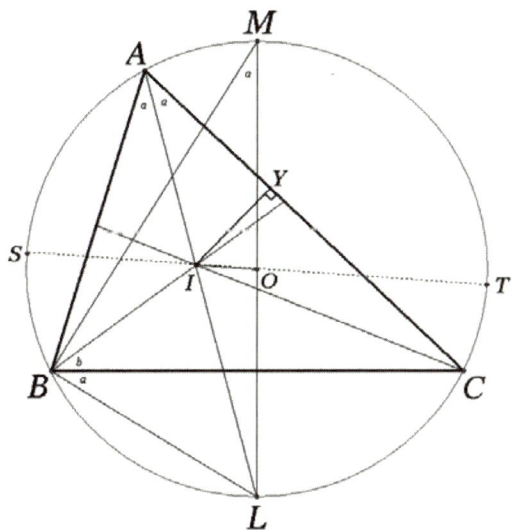

정리 131 에 의해

$\angle LBI = \angle BIL$ 에서 $\overline{LI} = \overline{LB}$ 이므로

$$R^2 - d^2 = \overline{SI} \cdot \overline{TI} = \overline{LI} \cdot \overline{AI} = \overline{LB} \cdot \overline{AI} \quad \cdots\cdots\cdots\cdots\cdots\cdots\cdots ①$$

$\overline{LB} = \overline{ML}\sin a$, $\overline{AI} = \dfrac{\overline{LY}}{\sin a}$ 를 ①에 대입하면

$$R^2 - d^2 = \overline{ML} \cdot \overline{LY} = 2Rr$$

이 성립한다.

정리 148

정오각형 $A_1A_2A_3A_4A_5$ 가 있다. P 는 정오각형의 외접원에서 $\overarc{A_1A_5}$ 의 열호 위에 있는 점일 때 $\overline{PA_1} + \overline{PA_3} + \overline{PA_5} = \overline{PA_2} + \overline{PA_4}$ 가 성립한다.

증명

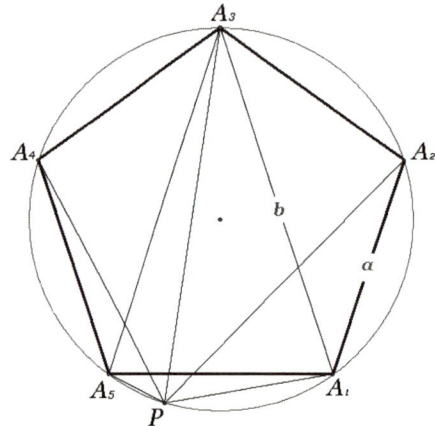

정오각형의 한 변의 길이를 a, 대각선의 길이를 b 라고 하면
$$b^2 = a(a+b) \quad\cdots\cdots\cdots\cdots\cdots\cdots\cdots\cdots\cdots\cdots\cdots\cdots ①$$
가 성립한다. 이제 아래의 순서로 각각의 사각형에서 톨레미 정리를 적용하자.

(1) $\square PA_1A_2A_3$: $a\,\overline{PA_1} + a\,\overline{PA_3} = b\,\overline{PA_2} \quad\cdots\cdots\cdots\cdots\cdots ②$

(2) $\square PA_3A_4A_5$: $a\,\overline{PA_3} + a\,\overline{PA_5} = b\,\overline{PA_4} \quad\cdots\cdots\cdots\cdots\cdots ③$

(3) $\square PA_2A_3A_4$: $b\,\overline{PA_3} = a\,(\overline{PA_2} + \overline{PA_4}) \quad\cdots\cdots\cdots\cdots\cdots ④$

②+③ 하면
$$a\,(\overline{PA_1} + \overline{PA_3} + \overline{PA_5}) + a\,\overline{PA_3} = b\,(\overline{PA_2} + \overline{PA_4}) \quad\cdots\cdots\cdots ⑤$$
④를 ⑤에 대입하면
$$a\,(\overline{PA_1} + \overline{PA_3} + \overline{PA_5}) = \left(b - \frac{a^2}{b}\right)(\overline{PA_2} + \overline{PA_4})$$
양변에 b 를 곱하면
$$ab\,(\overline{PA_1} + \overline{PA_3} + \overline{PA_5}) = (b^2 - a^2)(\overline{PA_2} + \overline{PA_4})$$
에서 ①에 의해
$$\overline{PA_1} + \overline{PA_3} + \overline{PA_5} = \overline{PA_2} + \overline{PA_4}$$
가 성립한다.

정리 149

정칠각형 $A_1A_2A_3A_4A_5A_6A_7$ 이 있다. P는 정칠각형의 외접원에서 $\overset{\frown}{A_1A_7}$ 의 열호 위에 있는 점일 때 다음이 성립한다.

$$\overline{PA_1} + \overline{PA_3} + \overline{PA_5} + \overline{PA_7} = \overline{PA_2} + \overline{PA_4} + \overline{PA_6}$$

증명 1

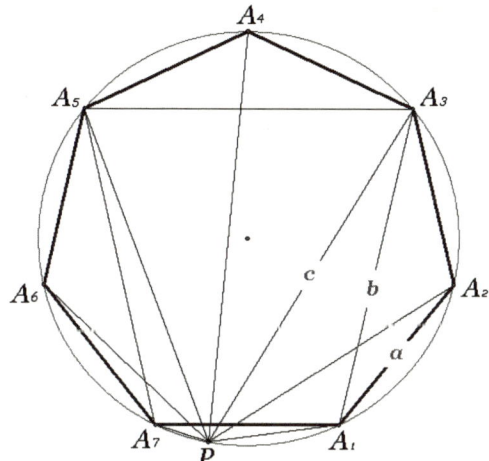

정칠각형의 한 변의 길이를 a, 짧은 대각선의 길이를 b, 긴 대각선의 길이를 c 라 하면

$$\frac{1}{a} = \frac{1}{b} + \frac{1}{c} \quad \cdots\cdots\cdots\cdots\cdots\cdots\cdots\cdots\cdots\cdots\cdots ①$$

이 성립한다. 이제 아래의 순서로 각각의 사각형에서 톨레미 정리를 적용하자.

(1) $\square PA_1A_2A_3 : a\,\overline{PA_1} + a\,\overline{PA_3} = b\,\overline{PA_2}$

(2) $\square PA_3A_4A_5 : a\,\overline{PA_3} + a\,\overline{PA_5} = b\,\overline{PA_4}$

(3) $\square PA_5A_6A_7 : a\,\overline{PA_5} + a\,\overline{PA_7} = b\,\overline{PA_6}$

(4) $\square PA_1A_3A_5 : c\,\overline{PA_3} = b\,\overline{PA_1} + b\,\overline{PA_5}$

(5) $\square PA_3A_5A_7 : c\,\overline{PA_5} = b\,\overline{PA_3} + b\,\overline{PA_7}$

$(1)+(2)+(3)$ 하면

$$a\left(\overline{PA_1} + \overline{PA_3} + \overline{PA_5} + \overline{PA_7}\right) + a\left(\overline{PA_3} + \overline{PA_5}\right)$$
$$= b\left(\overline{PA_2} + \overline{PA_4} + \overline{PA_6}\right) \quad \cdots\cdots\cdots\cdots\cdots\cdots ②$$

$(4)+(5)$ 하면

$$c\left(\overline{PA_3} + \overline{PA_5}\right) = b\left(\overline{PA_1} + \overline{PA_3} + \overline{PA_5} + \overline{PA_7}\right) \quad \cdots\cdots\cdots ③$$

③을 ②에 대입하면

$$\left(a + \frac{ab}{c}\right)\left(\overline{PA_1} + \overline{PA_3} + \overline{PA_5} + \overline{PA_7}\right) = b\left(\overline{PA_2} + \overline{PA_4} + \overline{PA_6}\right) \quad \cdots\cdots\cdots\cdots ④$$

①을 ④에 대입하면

$$\overline{PA_1} + \overline{PA_3} + \overline{PA_5} + \overline{PA_7} = \overline{PA_2} + \overline{PA_4} + \overline{PA_6}$$

가 성립한다.

증명 2

$i = 1, \cdots, 7$에 대해 $PA_i = x_i$라 정의하자.

$$A_1A_2 = A_2A_3 = \cdots = A_7A_1 = a$$
$$A_1A_3 = A_2A_4 = \cdots = A_7A_2 = b$$

라 하고, 각각의 사각형 $\square PA_{i-1}A_iA_{i+1}$(주기성에 의해 $A_0 = A_7$, $A_8 = A_1$이 된다)에 대해
톨레미 정리를 적용하면

$$bx_i = ax_{i-1} + ax_{i+1} \,(i = 2,3,4,5,6일 \text{ 때})$$
$$bx_1 = ax_2 - ax_7, \, bx_7 = ax_6 - ax_1$$

이 성립하므로

$$b(x_1 + x_3 + x_5 + x_7) = 2a(x_2 + x_4 + x_6) - a(x_1 + x_7)$$
$$b(x_2 + x_4 + x_6) = a(x_1 + x_7) + 2a(x_3 + x_5)$$

양변을 적절히 더하면

$$(2a+b)(x_1 + x_3 + x_5 + x) = (2a + b)(x_2 + x_4 + x_6)$$

가 성립한다.

모든 정 n각형(n은 홀수)에 대해 이 원리가 성립한다.

정리 150 **슈타이너의 정리(Steiner's Theorem)**

삼각형 ABC에서 수심 H와 외접원 위의 점 P에 대해
$\overline{PH}$의 중점은 점 P의 삼각형 ABC에 대한 심슨선 위에 있다.

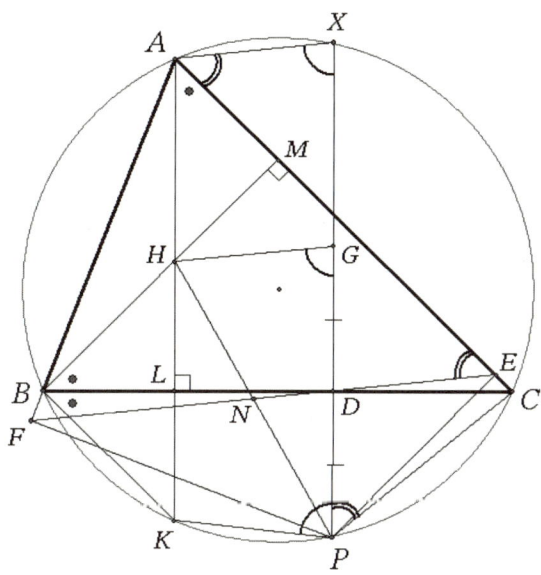

증명

A, B에서 대변에 내린 수선의 발을 L, M이라 하고, P에서 $\overline{BC}, \overline{CA}, \overline{AB}$ 위에 내린 수선의 발을 D, E, F라 하자. 또, $\overline{AH}$의 연장선이 원과 만나는 점을 K, $\overline{PD}$의 연장선이 원과 만나는 점을 X라 하자.

$\triangle ALC \backsim \triangle BMC$에서
$$\angle CAL = \angle CBM = \angle CBK$$
이므로
$$\triangle BLH \equiv \triangle BLK \, (ASA)$$
가 되어 $\overline{HL} = \overline{KL}$

또 $\overline{BC}$에 대한 P의 대칭점을 G라 하면 □$HKPG$는 등변사다리꼴이므로
$$\angle HGP = \angle KPG = \angle KPX$$
이므로
$$\overline{HG} \parallel \overline{AX}$$
C, D, E, P가 한 원 위의 점이므로
$$\angle DEA = \angle DPC = \angle XPC = \angle XAC$$
에서
$$\overline{AX} \parallel \overline{DE}$$
D는 $\overline{PG}$의 중점이므로 삼각형의 중점연결정리에 의해 $\overline{PH}$의 중점 N은 직선 $\overline{DE}$ 위에 있다.

정리 151

지름이 $\overline{AB}$인 반원의 둘레 위의 점 C에서 $\overline{AB}$에 내린 수선의 발을 D라 하고
$\overset{\frown}{BC}$, $\overline{CD}$, $\overline{DB}$에 접하는 원이 $\overline{AB}$에 접하는 점을 H라 할 때 $\overline{AC} = \overline{AH}$가 성립한다.

증명

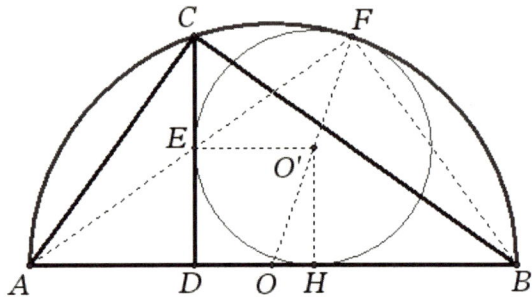

B, D, E, F가 한 원 위의 점이므로

$$\overline{AE} \cdot \overline{AF} = \overline{AD} \cdot \overline{AB} = \overline{AC}^2$$

또 $\overline{AH}$는 접선이므로

$$\overline{AH}^2 = \overline{AE} \cdot \overline{AF} = \overline{AC}^2 \text{ 에서}$$

$$\overline{AC} = \overline{AH}$$

가 성립한다.

정리 152

중심이 O인 원에서 원 밖의 한 점 P를 지나는 두 할선 $\overline{PAB}$, $\overline{PCD}$ 가 서로 수직이면, $\triangle OAC = \triangle OBD$ 가 성립한다.

증명

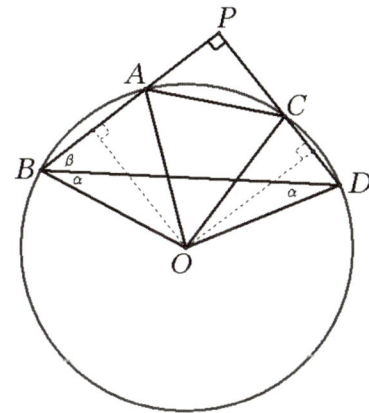

$$\triangle OAC = \frac{1}{2}\,\overline{OA} \cdot \overline{OC} \cdot \sin\angle AOC$$

$$\triangle OBD = \frac{1}{2}\,\overline{OB} \cdot \overline{OD} \cdot \sin\angle BOD$$

에서 $\overline{OA} = \overline{OB} = \overline{OC} = \overline{OD} = R$ 이므로

$\sin\angle AOC = \sin\angle BOD$ 를 보여주면 된다.

$\angle AOC \neq \angle BOD$ 이므로 $\angle AOC + \angle BOD = 180\,°$ 임을 보여주면 된다.

$\angle OBD = \angle ODB = \alpha$, $\angle DBA = \beta$ 라 두면

$$\angle BOD = 180 - 2\alpha \quad\cdots\cdots\cdots\cdots\cdots\cdots\cdots ①$$

이다. 또 $\angle AOB = 180 - 2(\alpha + \beta)$, $\angle COD = 2(\beta - \alpha)$ 에서

$$\angle AOC = 90 - \frac{1}{2}\angle AOB - \frac{1}{2}\angle COD$$

$$= 2\alpha \quad\cdots\cdots\cdots\cdots\cdots\cdots\cdots\cdots\cdots ②$$

①②에서 $\angle AOC + \angle BOD = 180\,°$ 이므로 $\triangle OAC = \triangle OBD$ 가 성립한다.

정리 153

삼각형 ABC의 내접원의 반지름을 r, 세 개의 방접원 I_1, I_2, I_3의 반지름을 각각 r_1, r_2, r_3, 삼각형 ABC의 넓이를 S라 하면

(1) $\dfrac{1}{r} = \dfrac{1}{r_1} + \dfrac{1}{r_2} + \dfrac{1}{r_3}$

(2) $S = \sqrt{r r_1 r_2 r_3}$

가 성립한다.

증명

(1) $\triangle ADI \sim \triangle AEI_1$ 에서 $\dfrac{\overline{AD}}{\overline{DI}} = \dfrac{\overline{AE}}{\overline{EI_1}}$ 이므로

$$\frac{s-a}{r} = \frac{s}{r_1} \quad \cdots\cdots\cdots\cdots\cdots ①$$

이고, 같은 방법으로

$$\frac{s-b}{r} = \frac{s}{r_2} \quad \cdots\cdots\cdots\cdots\cdots ②$$

$$\frac{s-c}{r} = \frac{s}{r_3} \quad \cdots\cdots\cdots\cdots\cdots ③$$

①+②+③ 하면

$$\frac{s}{r} = s\left\{ \frac{1}{r_1} + \frac{1}{r_2} + \frac{1}{r_3} \right\}$$

이 성립한다.

따라서 $\dfrac{1}{r} = \dfrac{1}{r_1} + \dfrac{1}{r_2} + \dfrac{1}{r_3}$

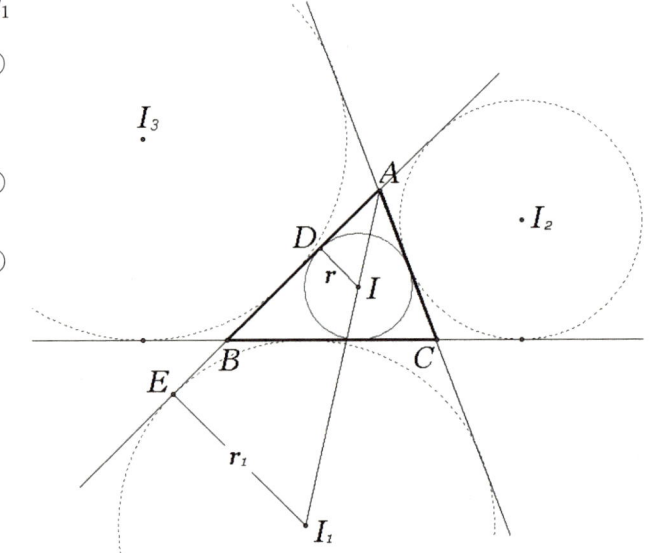

(2) ①×②×③ 하면

$$\frac{(s-a)(s-b)(s-c)}{r^3} = \frac{s^3}{r_1 r_2 r_3}$$

$$r^3 s^3 = (s-a)(s-b)(s-c) r_1 r_2 r_3 \quad \cdots\cdots\cdots\cdots\cdots ④$$

에서 $rs = S$, $s(s-a)(s-b)(s-c) = S^2$ 를 ④에 대입하여 정리하면

$$S^2 = r r_1 r_2 r_3$$

가 성립한다.

정리 154 **나폴레옹의 삼각형과 관련된 정리**

임의의 삼각형의 변 바깥쪽으로 세 개의 삼각형을 그리고, 주어진 삼각형의 각 변에 대한 새로운 삼각형의 꼭짓각의 합이 $180°$ 가 되게 하면 세 개의 삼각형의 외접원은 한 점에서 만난다.

증명

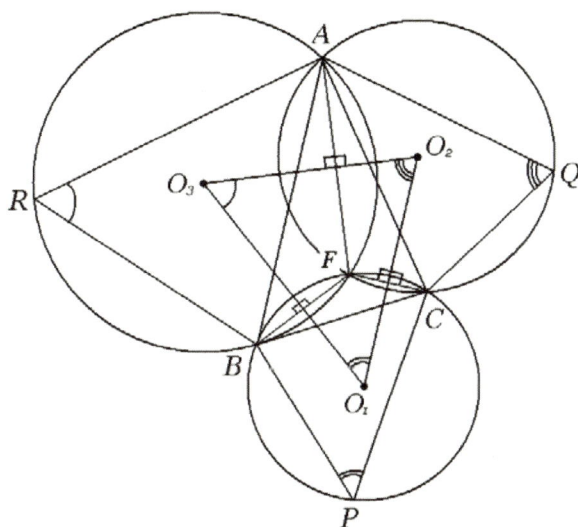

그림과 같이 삼각형 BCP, CAQ, ABR의 외접원의 중심을 각각 Q_1, Q_2, Q_3라 하자.

원 O_2, O_3가 만나는 점을 F라 하면

$$\angle O_2 O_3 O_1 = \angle ARB = \angle 180° - \angle AFB$$

이고, 같은 방식으로

$$\angle O_3 O_2 O_1 = \angle AQC, \quad \angle O_2 O_1 O_3 = \angle BPC$$

가 성립한다. 또

$$\angle BFC + \angle O_2 O_1 O_3 = 180°$$

이므로 B, C, P, F는 한 원 위의 점이 되어 명제가 성립한다.

정리 155

삼각형 ABC에서 $\overline{AB}$, $\overline{BC}$, $\overline{CA}$ 를 각 변으로 하는 정삼각형 ABR, BCP, CAQ를 바깥쪽 혹은 안쪽으로 그리면 세 정삼각형의 외심으로 이루어진 삼각형은 정삼각형이다.

증명

(1) 바깥쪽으로 그렸을 때

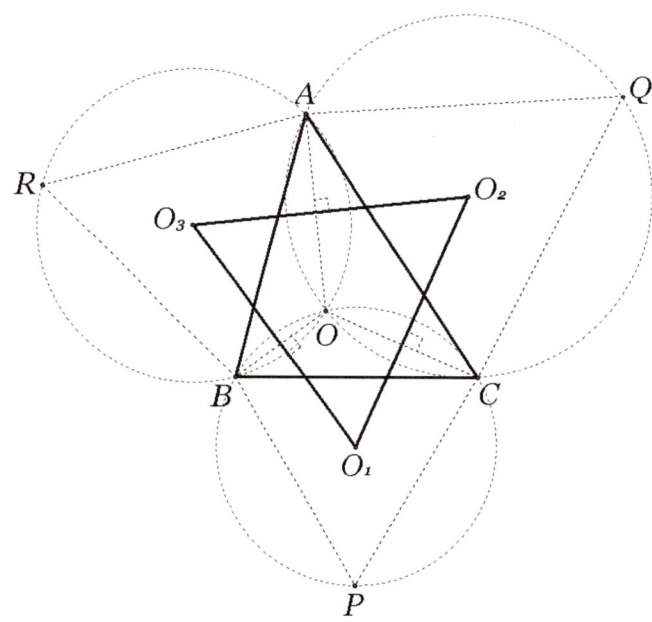

정리 154 에 의해 세 원 O_1, O_2, O_3 는 한 점 O 에서 만난다.

$\overline{OA} \perp \overline{O_2O_3}$, $\overline{OB} \perp \overline{O_3O_1}$, $\overline{OC} \perp \overline{O_1O_2}$ 에서

$$\angle O_2O_1O_3 = \angle CPB = 60°$$
$$\angle O_1O_2O_3 = \angle AQC = 60°$$
$$\angle O_2O_3O_1 = \angle ARB = 60°$$

이므로

$$\triangle O_1O_2O_3 \text{ 는 정삼각형}$$

이다.

(2) 안쪽으로 그렸을 때

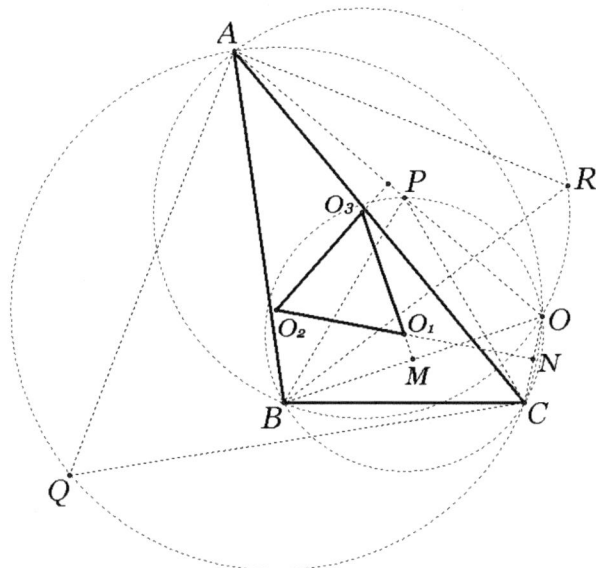

$\overline{O_1O_3} \perp \overline{BO}$, $\overline{O_1O_2} \perp \overline{OC}$ 이므로 O_1, M, N, O 는 공원점이다.

$\angle BPC = \angle BOC = \angle MON = \angle MO_1N = 60°$ 이므로

$$\angle O_3O_1O_2 = 60°$$

이다. 같은 방식으로

$$\angle O_1O_2O_3 = \angle O_2O_3O_1 = 60°$$

이므로

$$\triangle O_1O_2O_3 \text{ 는 정삼각형}$$

이다.

정리 156

삼각형 ABC에서 $\angle BPA + \angle AQC = 90°$를 만족하는 두 점 P, Q가 $\overline{AB}$에 대해 C의 반대쪽에 P가 있고, $\overline{AC}$에 대해 B의 반대쪽에 Q가 있다. 이 두 삼각형의 두 외접원의 교점을 $N(A \neq N$, 단 두 원의 교점이 A 뿐일 때는 $A = N$), $\overline{BC}$의 중점을 M이라 할 때 $\overline{MN} = \dfrac{1}{2}\overline{BC}$가 성립한다.

증명

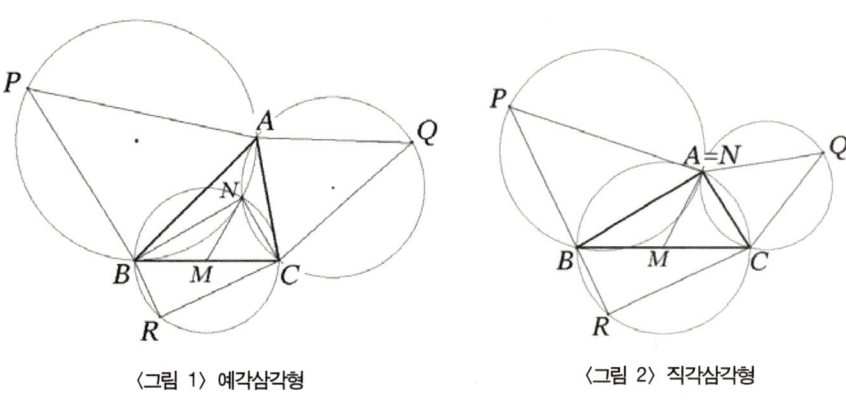

〈그림 1〉예각삼각형   〈그림 2〉직각삼각형

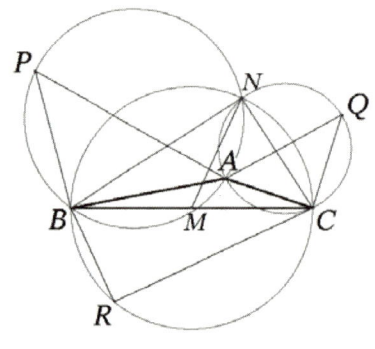

〈그림 3〉둔각삼각형

$\overline{BC}$를 지름으로 하는 원을 그리면 세 원은 **정리 154** 에 의해 한 점 N에서 만난다.
$\triangle BNC$는 직각삼각형이므로

$$\overline{NM} = \frac{1}{2}\overline{BC}$$

가 성립한다.

정리 157 공점선

원 O의 바깥쪽에 점 P, Q가 있다. P, Q에서 각각 원 O에 접선을 그어 접점을 반시계 방향으로 A, B, D, C라 두면 $\overline{AD}$, $\overline{BC}$, $\overline{PQ}$는 한 점에서 만난다.

증명

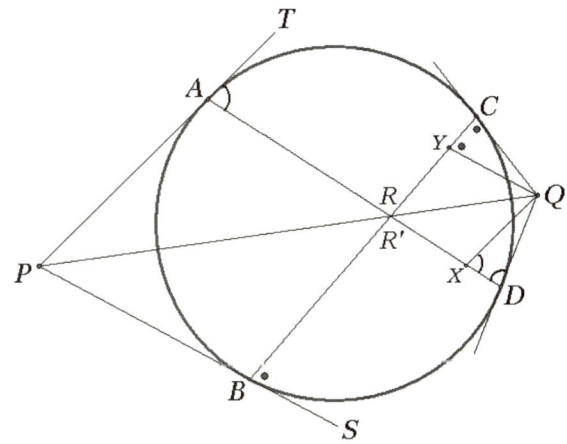

Q에서 $\overline{PA}$, $\overline{PB}$에 평행한 직선을 그어 $\overline{AD}$, $\overline{BC}$와 만나는 점을 각각 X, Y라 하면

$$\angle QXD = \angle TAD \,(\text{동위각})$$
$$\angle TAD = \angle QDA \,(AT, DQ \text{의 연장선의 교점과 } A, D \text{를 이으면 이등변삼각형})$$

이고

$$\overline{QC} = \overline{QD}$$

이므로

$$\overline{QX} = \overline{QY}$$

이다. $\overline{AD}$, $\overline{BC}$와 $\overline{PQ}$와의 교점을 각각 R, R'라 두면
$\triangle PAR \backsim \triangle QXR$, $\triangle PBR \backsim \triangle QYR'$에서

$$\overline{PR} : \overline{QR} = \overline{PA} : \overline{QX}$$
$$\overline{PR'} : \overline{QR'} = \overline{PB} : \overline{QY}$$

이고

$$\overline{PA} : \overline{QX} = \overline{PB} : \overline{QY}$$

이므로

$$\overline{PR} : \overline{QR} = \overline{PR'} : \overline{QR'}$$

가 되어 $R = R'$이므로 $\overline{AD}$, $\overline{BC}$, $\overline{PQ}$는 한 점에서 만난다.

미쿠엘의 오각별 정리(Miquel's Pentagram Theorem)

오각형 $FGHIJ$의 각 변을 연장한 직선이 만나는 점을 A, B, C, D, E라고 하자. 이때 오각형의 각 변에 인접한 다섯 개의 삼각형의 각 외접원이 만나는 점 F', G', H', I', J'는 한 원 위에 있다.

증명

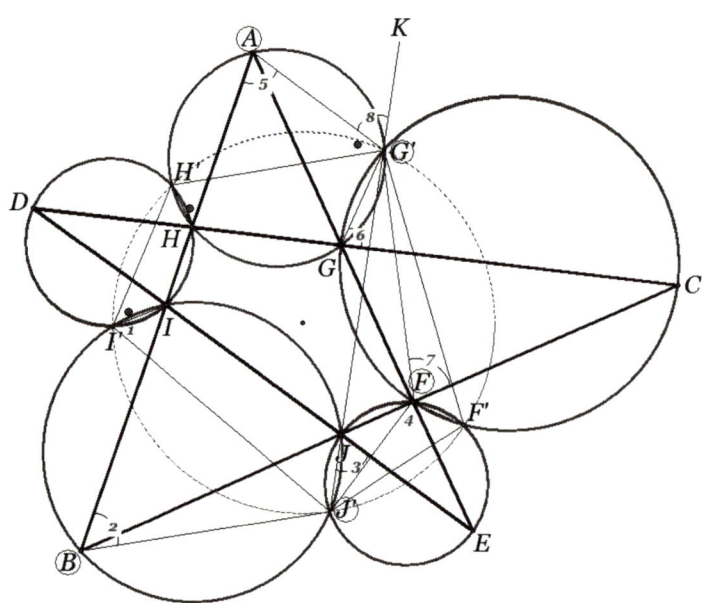

(1) $\angle II'J' = \angle IBJ' = \angle EJJ' = \angle EFJ'$ 이므로 $\angle ABJ' + \angle J'FA = 180°$ 에서
A, B, J', F는 한 원 위에 있다.

(2) $\angle G'AH = \angle G'GC = \angle G'FC$이므로 $\angle G'AB + \angle BFG' = 180°$ 에서
A, B, F, G'는 한 원 위에 있다.

(1) (2)에서 A, B, J', F, G'는 한 원 위에 있으므로
$$\angle AG'K = \angle ABJ' = \angle IBJ' = \angle II'J'$$

(3) $\angle H'G'A = \angle H'HA = \angle H'I'I$에서
$$\angle H'I'J' = \angle H'I'I + \angle II'J' = \angle H'G'A + \angle AG'K = \angle H'G'K$$
이므로 $\angle H'I'J' + \angle J'G'H' = 180°$ 가 되어
H', I', J', G'는 한 원 위에 있다.

같은 방법으로 H', I', J', F'가 한 원 위에 있음을 보일 수 있다.

삼각형의 외접원은 유일하므로 F', G', H', I', G'는 한 원 위에 있다.

206

1. $\angle AOP = 90°$ 인 직각삼각형 AOP에서 $\overline{OA} = 3$ 이고, $\overline{OA}$ 의 연장선 위에 $\overline{AB} = 4$를 만족하는 점 B가 있을 때 $\angle APB$가 최대가 되도록 $\overline{OP}$의 길이를 정하여라. (단, O, A, B는 이 순서대로 배열되어 있다)

2. 삼각형 ABC의 외접원의 반지름이 13이고, $\overline{BC} = 24$일 때 A에서 수심까지의 거리를 구하여라.

3. 원에 내접하는 사각형 $ABCD$에서 대각선 $\overline{AC}$, $\overline{BD}$의 교점을 E라 할 때 $\overline{BC} = \overline{CD} = 4$, $\overline{AE} = 6$을 만족하고, $\overline{BE}$, $\overline{DE}$의 길이는 모두 정수일 때 $\overline{BD}$의 길이를 구하여라.

4. 삼각형 ABC의 외심을 O라고 할 때 O에서 각각의 변 $\overline{AB}$, $\overline{BC}$, $\overline{CA}$에 내린 수선의 발을 각각 D, E, F라 한다. $\overline{AB} = 17$, $\overline{BC} = 21$, $\overline{CA} = 10$일 때 $\overline{OD} + \overline{OE} + \overline{OF}$의 값을 구하여라.

5. 원 O 위의 세 점 A, B, G에 대해 $\angle AGB = 48°$가 성립한다. 현 $\overline{AB}$의 삼등분점을 A로 부터 각각 C, D라 하고, 호 $\overset{\frown}{AB}$의 삼등분점을 A로 부터 각각 E, F라 하고, $\overline{CE}$, $\overline{DF}$의 교점을 H라 한다. $\angle AHB$의 크기를 구하여라.

6. 반지름의 길이가 각각 8, 10인 두 동심원이 있다. 삼각형 ABC는 작은 원에 내접하는 정삼각형이고, P는 큰 원 위의 점이다. $\overline{PA}$, $\overline{PB}$, $\overline{PC}$를 세 변으로 하는 삼각형의 넓이를 구하여라.

7. $\overline{AB} = 18$을 지름으로 가지는 원 O가 있다. 반직선 $\overrightarrow{BA}$ 위에 C가 있고, C에서 원 O에 그은 하나의 접선의 접점을 T라고 하자. 또 A에서 $\overline{CT}$에 내린 수선의 발을 P라고 할 때 $\overline{BP}^2$의 최댓값을 구하여라.

8. $\overline{AB} = 10$, $\overline{BC} = 6$, $\overline{AC} = 8$인 삼각형 ABC에서 $\overline{AC}$, $\overline{BC}$와 $\triangle ABC$의 외접원에 동시에 접하는 원의 반지름의 길이를 구하여라.

9. 한 변의 길이가 2인 정삼각형 ABC의 내부의 점 P가
$$\overline{PA}^2 \geq \overline{PB}^2 + \overline{PC}^2$$
을 만족할 때 점 P가 존재하는 영역의 넓이를 구하여라.

10. 점 A, B, C는 원 O 위의 서로 다른 점이다. A, B를 지나는 O의 두 접선이 P에서 만난다고 하자. C를 지나는 O의 접선은 $\overline{AB}$와 Q에서 만난다. 이 때 $\overline{PQ}^2 = \overline{PB}^2 + \overline{QC}^2$이 성립함을 보여라.

변환과
관련된 정리들

07

정리 159 대칭❶

> $\angle A = 2\angle B$ 인 삼각형 ABC 에서 $\angle C$ 의 이등분선이 $\overline{AB}$ 와 만나는 점을 D 라 할 때
> $$\overline{BC} = \overline{AC} + \overline{AD}$$
> 가 성립한다.

증명

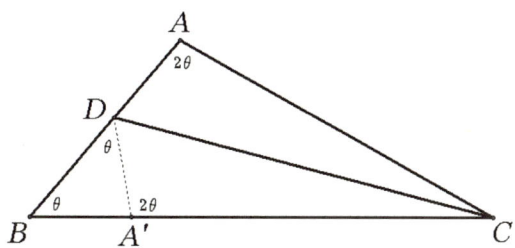

A 를 $\overline{CD}$ 에 대칭시킨 점을 A' 라 하면
$$\triangle CAD \equiv \triangle CA'D$$
이므로
$$\overline{AD} = \overline{A'D}, \ \angle CAD = \angle CA'D, \ \overline{CA} = \overline{CA'} \quad\cdots\cdots\cdots\cdots\cdots① $$
이다. 또 $\angle CAD = 2\angle CBD$ 이므로
$$\angle A'BD = BDA'$$
에서
$$\overline{A'D} = \overline{A'B} \quad\cdots\cdots\cdots\cdots\cdots\cdots\cdots\cdots\cdots\cdots\cdots\cdots\cdots② $$
가 성립한다. ①②에서
$$\overline{BC} = \overline{A'B} + \overline{A'C} = \overline{A'D} + \overline{AC} = \overline{AD} + \overline{AC}$$
가 성립한다.

정리 160 대칭❷

$\angle AOB$ 의 내부에 두 점 P, Q 가 있다. 반직선 $\overline{OA}$ 위의 두 점을 각각 C, E 라 하고, 반직선 $\overline{OB}$ 위의 두 점을 각각 D, F 라 할 때 $\angle PCA = \angle OCD$, $\angle QDB = \angle ODC$ 를 만족하면

$$\overline{PC} + \overline{CD} + \overline{DQ} \leq \overline{PE} + \overline{EF} + \overline{FQ}$$

가 성립한다.

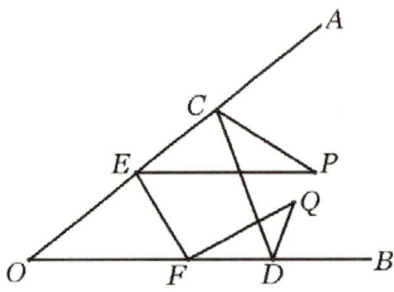

증명

P 를 $\overline{OA}$ 에 대칭시킨 점을 P' 라 하고 Q 를 $\overline{OB}$ 에 대칭시킨 점을 Q' 라 하면

$$\angle OCD = \angle PCA = \angle P'CA$$

이므로

$$P', C, D \text{ 는 한 직선 위의 점이다. } \cdots\cdots\cdots ①$$

같은 방식으로

$$Q', C, D \text{ 역시 한 직선 위의 점이다. } \cdots\cdots ②$$

①②에서

$$\begin{aligned}
\overline{PC} + \overline{CD} + \overline{DQ} &= \overline{P'C} + \overline{CD} + \overline{DQ'} \\
&= \overline{P'Q'} \\
&\leq \overline{P'E} + \overline{EF} + \overline{FQ'} \\
&= \overline{PE} + \overline{EF} + \overline{FQ}
\end{aligned}$$

가 성립한다.

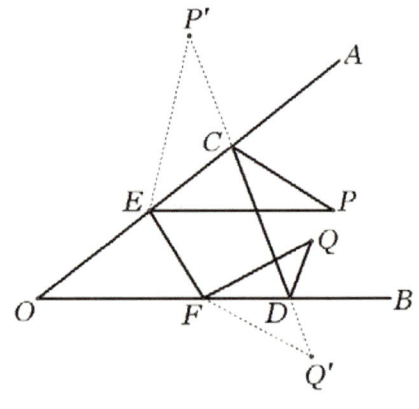

정리 161 대칭**❸** – 파그나노의 문제

삼각형 ABC의 각 변 위에 꼭짓점이 있는 삼각형 PQR의 둘레가 최소가 되는 경우는
수심삼각형일 때이다.

증명

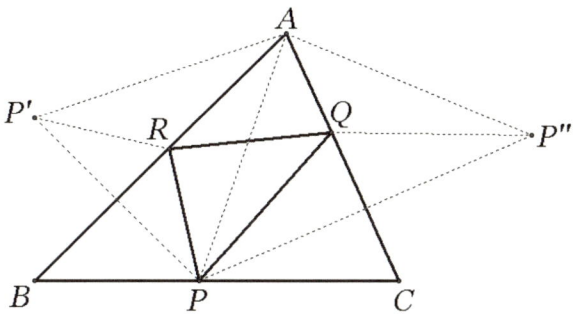

P를 $\overline{AB}$, $\overline{AC}$에 대칭시킨 점을 각각 P', P''라 하면
$\overline{AP} = \overline{AP'} = \overline{AP''}$이고, $\triangle PQR$의 둘레의 최솟값은 $\overline{P'P''}$이므로 코사인 제2정리에 의해

$$\overline{P'P''} = \sqrt{\overline{AP'}^2 + \overline{AP''}^2 - 2\,\overline{AP'}\;\overline{AP''}\cos 2A}$$
$$= \overline{AP}\,\sqrt{2 - 2\cos 2A}$$

$\cos A$의 값은 일정하므로 $\overline{AP}$의 길이가 최소일 때 $\overline{P'P''}$의 길이가 최소가 된다.

A에서 $\overline{BC}$에 내린 수선의 발을 H라 하면

$$\overline{AP} \geq \overline{AH}$$

가 성립하므로 $\triangle PQR$의 둘레가 최소가 되는 경우는 수심삼각형일 때이다.

정리 162 평행❶

정사각형 $ABCD$ 에서 E, F, G, H 는 각 변 위의 점이다. $\overline{HF} \perp \overline{EG}$ 이면

$$\overline{HF} = \overline{EG}$$

가 성립한다.

증명

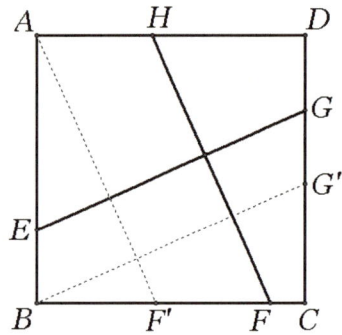

$\overline{AF'} \parallel \overline{HF}$, $\overline{BG'} \parallel \overline{EG}$ 라 하면

$$\triangle ABF' \equiv \triangle BCG' \,(ASA)$$

이므로

$$\overline{HF} = \overline{EG}$$

가 성립한다.

정리 163 평행②

P가 평행사변형 $ABCD$의 내부의 한 점일 때 $\angle ADP = \angle ABP$이면
$$\angle DAP = \angle DCP$$
가 성립한다.

증명

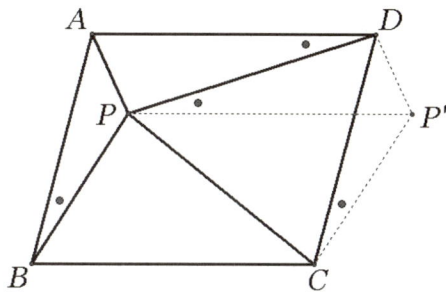

$\triangle ABP \equiv \triangle DCP'$가 되도록 평행이동을 하면
$$\angle ABP = \angle ADP = \angle DPP' = \angle DCP'$$
가 되어 D, P, C, P'가 같은 원 위의 점이므로
$$\angle DAP = \angle DP'P = \angle DCP$$
가 성립한다.

정리 164 회전❶

정삼각형 ABC에서 $\overline{BC}$, $\overline{CA}$, $\overline{AB}$의 중점을 각각 D, E, F라 하고, $\overline{DC}$ 위의 한 점을 P 라 한다. $\overline{FP}$를 한 변으로 하는 정삼각형의 나머지 꼭짓점 Q를 $\overline{DF}$에 대해 B와 반대쪽에 잡을 때

$$\overline{DP} = \overline{EQ}$$

가 성립한다.

증명

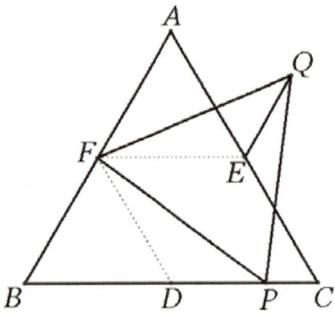

삼각형의 중점연결정리에 의해

$$\overline{EF} = \frac{1}{2}\,\overline{BC}, \ \ \overline{DF} = \frac{1}{2}\,\overline{AC}, \ \ \overline{DE} = \frac{1}{2}\,\overline{AB}$$

에서

$$\overline{DE} = \overline{EF} = \overline{FD} \ \text{··} ①$$

이므로, $\triangle DEF$는 정삼각형이다. 또

$$\angle DFP = 60° - \angle EFP = \angle EFQ \ \text{····························} ②$$

이고, 조건에서

$$\overline{FQ} = \overline{FP} \ \text{···} ③$$

이므로 ①②③에서 $\triangle FDP \equiv \triangle FEQ \ (SAS)$가 되어

$$\overline{DP} = \overline{EQ}$$

가 성립한다.

결과적으로 $\triangle FDP$를 시계 반대 방향으로 $60°$ 회전한 삼각형이 $\triangle FEQ$임을 알 수 있다.

정리 165 회전❷

정사각형 $ABCD$의 $\overline{BC}$ 위의 한 점 E에 대해 $\angle DAE$의 이등분선이 $\overline{CD}$와 만나는 점을 F라 할 때

$$\overline{AE} = \overline{DF} + \overline{BE}$$

가 성립한다.

증명

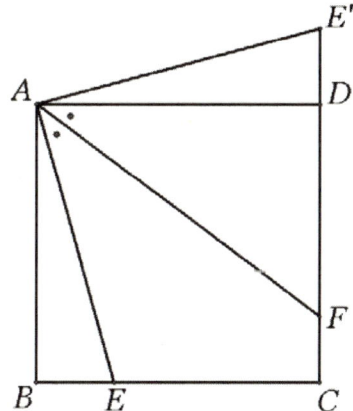

$\angle EAF = \angle FAD = x$ 라 하고, A를 중심으로 $\triangle ABE$를 시계 반대 방향으로 $90°$ 회전한 삼각형을 $\triangle ADE'$ 라 하면

$$\overline{BE} = \overline{DE'}, \quad \overline{AE} = \overline{AE'} \quad\text{·······························}①$$

이다.

$$\angle AFD = \angle BAF = 90° - x \quad\text{····················}②$$

이다. 또 $\angle AEB = \angle AE'F = 2x$ 이므로

$$\angle E'AF = 90° - x \quad\text{·······························}③$$

이다. $\angle AFD = \angle E'AF$이므로 ①②③에서

$$\overline{AE} = \overline{AE'} = \overline{E'F} = \overline{E'D} + \overline{DF} = \overline{BE} + \overline{DF}$$

가 성립한다.

정리 166 **회전❸**

$\angle C = 90°$인 직각삼각형 ABC에서 $\overline{AC}$, $\overline{AB}$를 한 변으로 하는 정사각형을 각각

□$CAEP$, □$ABQF$라 하고, C에서 $\overline{AB}$에 내린 수선의 발을 D라 하면

$$(\overline{AF} + \overline{AD})^2 = \overline{EF}^2 - \overline{CD}^2$$

이 성립한다.

증명

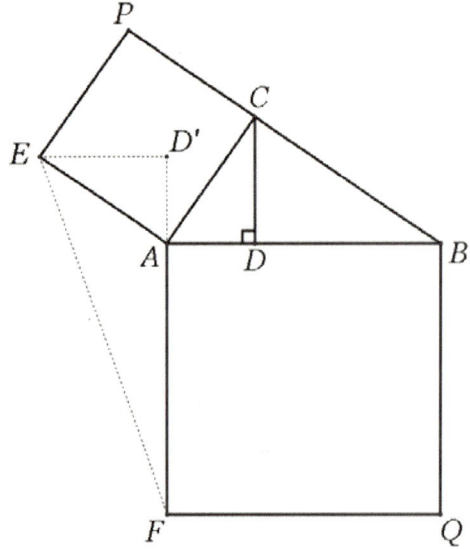

삼각형 ACD를 점 A를 중심으로 시계 반대 방향으로 $90°$ 회전한 삼각형을 $\triangle AED'$라 하면

$$\angle D'AE + \angle EAF = 180°$$

이므로 D', A, F는 같은 직선 위의 점이다.

또 $\angle ED'A = 90°$이므로 피타고라스 정리에 의해

$$\begin{aligned} \overline{EF}^2 &= \overline{D'E}^2 + \overline{D'F}^2 \\ &= \overline{CD}^2 + (\overline{D'A} + \overline{AF})^2 \\ &= \overline{CD}^2 + (\overline{AD} + \overline{AF})^2 \end{aligned}$$

이 성립한다.

정리 167 회전④

평행사변형의 각 변을 한 변으로 하는 정사각형을 바깥쪽으로 그렸을 때, 이 네 정사각형의 중심(대각선의 교점)을 각각 O_1, O_2, O_3, O_4 라 하면 $\square O_1 O_2 O_3 O_4$ 는 정사각형이다.

증명

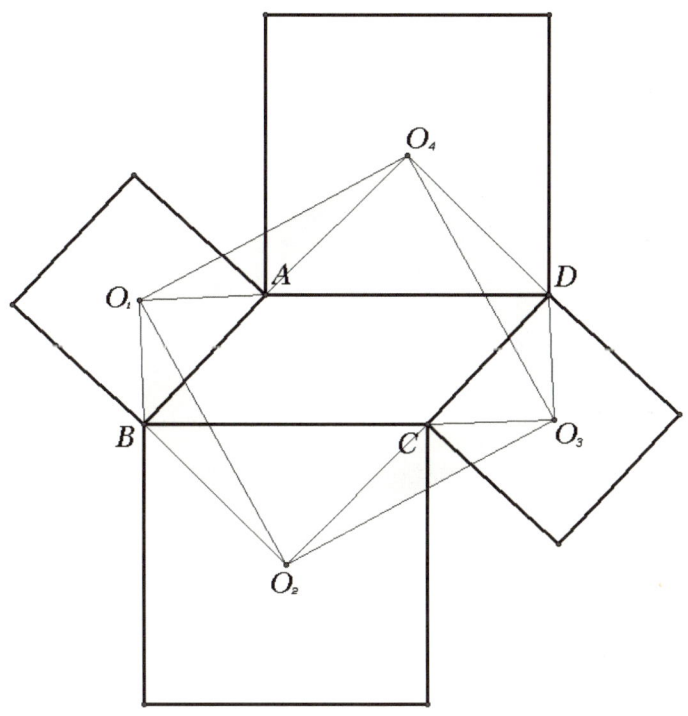

(1) $\triangle A O_1 O_4 \equiv \triangle D O_3 O_4 \equiv \triangle C O_3 O_2 \equiv \triangle B O_1 O_2$

(2) $\overline{O_1 A} \perp \overline{O_1 B}$ 이므로 각 삼각형은 90°씩 회전한 삼각형이다.

(1)(2)에서 $\square O_1 O_2 O_3 O_4$ 는 정사각형이 됨을 알 수 있다.

정리 168 나선 닮음(혹은 회전 닮음)

사각형 $ABCD$에서 $\angle A + \angle C = 90°$일 때
$$(\overline{AB} \cdot \overline{CD})^2 + (\overline{AD} \cdot \overline{BC})^2 = (\overline{AC} \cdot \overline{BD})^2$$
이 성립한다.

증명 1

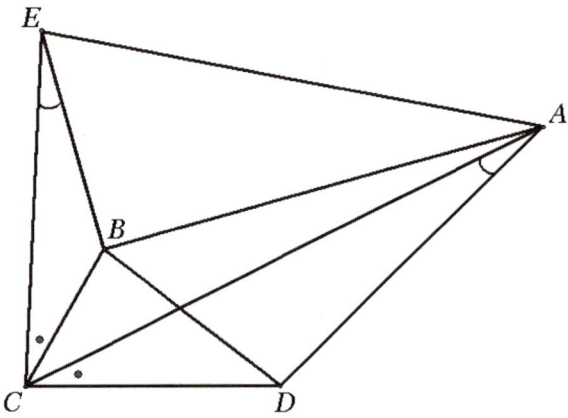

(1) $\triangle ACD \backsim \triangle ECB$를 만족하는 점 E를 정하면
$$\frac{\overline{AC}}{\overline{CE}} = \frac{\overline{CD}}{\overline{BC}}, \ \angle ECA = \angle BCD$$
이므로
$$\triangle ECA \backsim \triangle BCD \ (SAS)$$
이다.
$$\overline{BE} = \frac{\overline{AD} \cdot \overline{BC}}{\overline{CD}}, \ \overline{AE} = \frac{\overline{AC} \cdot \overline{BD}}{\overline{CD}} \ \cdots\cdots\cdots\cdots\cdots\cdots ①$$

(2) $\angle ADC + \angle ABC = \angle EBC + \angle ABC = 270°$에서 $\angle ABE = 90°$이므로
$\triangle ABE$에서 피타고라스 정리를 적용하면
$$\overline{AB}^2 + \overline{BE}^2 = \overline{AE}^2 \ \cdots\cdots\cdots\cdots\cdots\cdots\cdots\cdots\cdots ②$$

②를 ①에 대입하면
$$(\overline{AB} \cdot \overline{CD})^2 + (\overline{AD} \cdot \overline{BC})^2 = (\overline{AC} \cdot \overline{BD})^2$$
이 성립한다.

증명 2

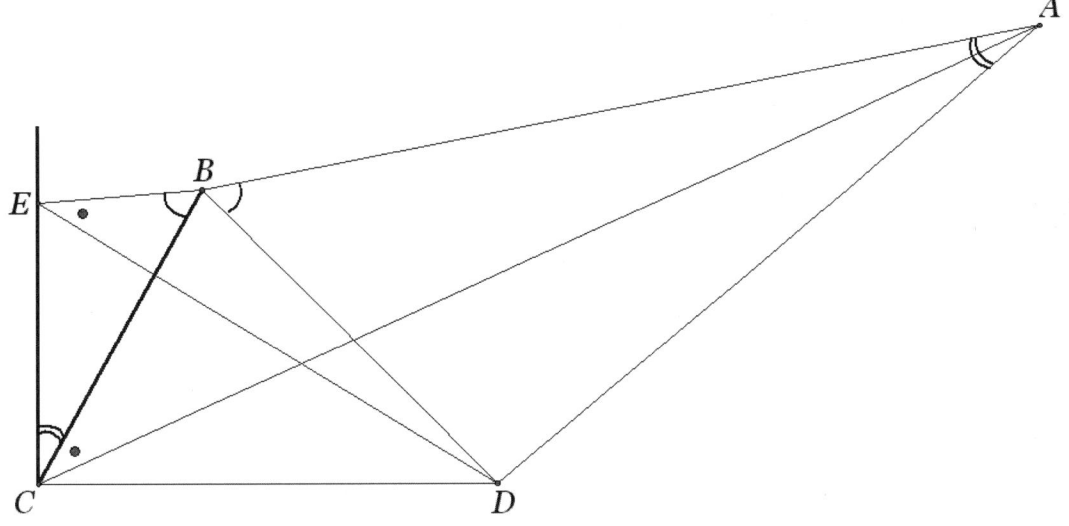

$\angle A = \angle BCE$, $\angle EBC = \angle DBA$가 되도록 하는 점 E를 잡으면
$\angle ECD = 90°$, $\triangle BED \backsim \triangle BCA$ (SAS)

정리 169 정삼각형과 관련된 문제❶

> 정삼각형의 외접원 위의 점 P가 $\overset{\frown}{BC}$ 위에 있을 때
> $$\overline{PA} = \overline{PB} + \overline{PC}$$
> 가 성립한다.

증명 1

$\overline{PA}$ 위에 $\overline{PB} = \overline{P'A}$를 만족하는 점 P'를 잡으면
$$\overline{BC} = \overline{AC},\ \overline{PB} = \overline{P'A},\ \angle PBC = \angle P'AC$$
에서 $\triangle PBC \equiv \triangle P'AC\,(SAS)$이므로
$$\angle PCB = \angle P'CA$$
가 되어 $\triangle PP'C$는 정삼각형이 된다.
$$\overline{PA} = \overline{PP'} + \overline{P'A} = \overline{PC} + \overline{PB}$$
가 성립한다.

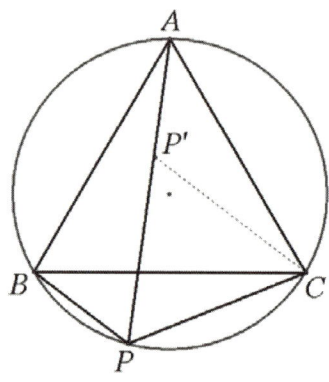

〈그림 1〉

증명 2

$\overline{PC}$의 연장선 위에 $\overline{PA} = \overline{PP'}$를 만족하는 점 P'를 잡으면 $\triangle APP'$는 정삼각형이 되므로
$$\triangle ABP \equiv \triangle ACP'\,(SAS)$$
가 되고
$$\overline{PB} + \overline{PC} = \overline{P'C} + \overline{PC} = \overline{PA}$$
가 성립한다.

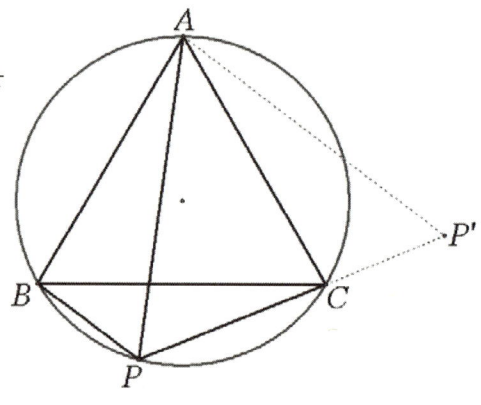

〈그림 2〉

증명 3

□$ABPC$에서 톨레미 정리에 의해
$$\overline{PA} \cdot \overline{BC} = \overline{PB} \cdot \overline{AC} + \overline{PC} \cdot \overline{AB}$$
이고, $\overline{AB} = \overline{BC} = \overline{CA}$이므로
$$\overline{PA} = \overline{PB} + \overline{PC}$$
가 성립한다.

정리 170 정삼각형과 관련된 문제❷

정삼각형의 외접원 위의 점 P가 $\overarc{BC}$ 위에 있을 때 $\overline{PA}$와 $\overline{BC}$의 교점을 D라 하면

$$\frac{1}{\overline{PD}} = \frac{1}{\overline{PB}} + \frac{1}{\overline{PC}}$$

이 성립한다.

증명

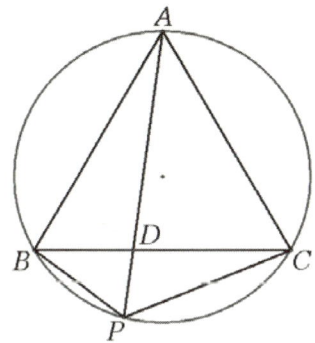

$\triangle PBD \backsim \triangle PAC$에서

$$\frac{\overline{PB}}{\overline{PA}} = \frac{\overline{PD}}{\overline{PC}}$$

이므로

$$\overline{PB} \cdot \overline{PC} = \overline{PD} \cdot \overline{PA} = \overline{PD} \cdot (\overline{PB} + \overline{PC}) = \overline{PB} \cdot \overline{PD} + \overline{PC} \cdot \overline{PD}$$

에서 양변을 $\overline{PB} \cdot \overline{PC} \cdot \overline{PD}$로 나누면

$$\frac{1}{\overline{PD}} = \frac{1}{\overline{PB}} + \frac{1}{\overline{PC}}$$

이 성립한다.

정리 171 정삼각형과 관련된 문제❸

정삼각형 ABC의 외접원 위에 점 P가 있을 때
$$\overline{PA}^2 + \overline{PB}^2 + \overline{PC}^2 = 2\,\overline{BC}^2$$
이 성립한다.

증명

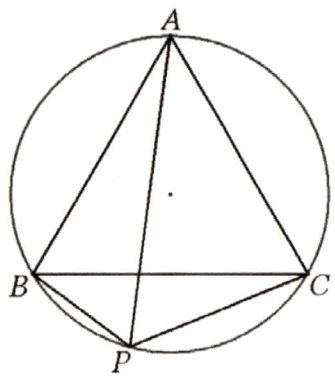

(1) $\triangle PBC$에서 코사인 제2정리에 의해
$$\overline{BC}^2 = \overline{PB}^2 + \overline{PC}^2 - 2\,\overline{PB}\cdot\overline{PC}\cdot\cos 120°$$
$$= \overline{PB}^2 + \overline{PC}^2 + \overline{PB}\cdot\overline{PC} \cdots\cdots\cdots\cdots\cdots\cdots ①$$

(2) **정리 169** 에서 $\overline{PA} = \overline{PB} + \overline{PC}$이므로
$$\overline{PA}^2 = (\overline{PB} + \overline{PC})^2 = \overline{PB}^2 + \overline{PC}^2 + 2\,\overline{PB}\cdot\overline{PC} \cdots\cdots\cdots\cdots ②$$

①②에서
$$\overline{PA}^2 + \overline{PB}^2 + \overline{PC}^2 = 2(\overline{PB}^2 + \overline{PC}^2 + \overline{PB}\cdot\overline{PC}) = 2\,\overline{BC}^2$$
이 성립한다.

정리 172 정삼각형과 관련된 문제④

정삼각형 ABC의 내접원 위에 점 P가 있을 때

$$\overline{PA}^2 + \overline{PB}^2 + \overline{PC}^2 = \frac{5}{4}\overline{BC}^2$$

이 성립한다.

증명

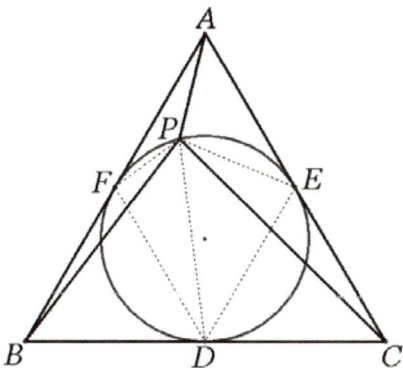

$\overline{BC}, \overline{CA}, \overline{AB}$의 중점을 각각 D, E, F라 하면 파푸스의 중선정리에 의해

$$\overline{PA}^2 + \overline{PB}^2 = 2\left(\overline{PF}^2 + \overline{AF}^2\right) = 2\left(\overline{PF}^2 + \frac{1}{4}\overline{AB}^2\right) \quad \cdots\cdots\cdots\cdots \text{①}$$

$$\overline{PB}^2 + \overline{PC}^2 = 2\left(\overline{PD}^2 + \overline{BD}^2\right) = 2\left(\overline{PD}^2 + \frac{1}{4}\overline{BC}^2\right) \quad \cdots\cdots\cdots\cdots \text{②}$$

$$\overline{PC}^2 + \overline{PA}^2 = 2\left(\overline{PE}^2 + \overline{CE}^2\right) = 2\left(\overline{PE}^2 + \frac{1}{4}\overline{CA}^2\right) \quad \cdots\cdots\cdots\cdots \text{③}$$

이 성립한다. ①+②+③ 하면

$$2\left(\overline{PA}^2 + \overline{PB}^2 + \overline{PC}^2\right) = 2\left(\overline{PD}^2 + \overline{PE}^2 + \overline{PF}^2\right) + \frac{3}{2}\overline{BC}^2 \quad \cdots\cdots\cdots \text{④}$$

이 성립한다. 또 삼각형 DEF가 정삼각형이므로 **정리 171** 에 의해

$$\overline{PD}^2 + \overline{PE}^2 + \overline{PF}^2 = 2\overline{DE}^2 = \frac{1}{2}\overline{BC}^2 \quad \cdots\cdots\cdots\cdots\cdots \text{⑤}$$

⑤를 ④에 대입해서 정리하면

$$\overline{PA}^2 + \overline{PB}^2 + \overline{PC}^2 = \frac{5}{4}\overline{BC}^2$$

이 성립한다.

정리 173 정삼각형과 관련된 문제❺

삼각형 ABC의 외부에 $\overline{AB}$, $\overline{BC}$, $\overline{CA}$를 밑변으로 하고, 꼭짓각이 $120°$인 이등변삼각형 ABD, BCE, CAF를 그리면 삼각형 DEF는 정삼각형이다.

증명

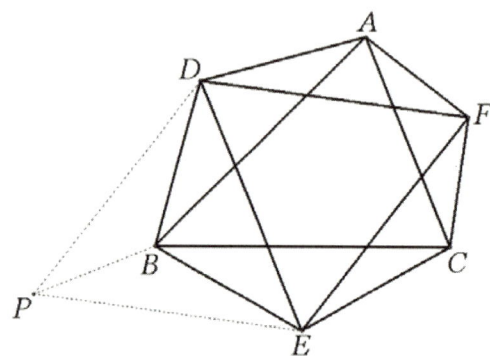

$\triangle FCE$를 E를 중심으로 반시계 방향으로 회전한 삼각형을 $\triangle PBE$라 하면

$\angle DBE = 30° + 30° + \angle ABC$, $\angle FCE = 30° + 30° + \angle ACB$이므로

$$\begin{aligned}\angle DBP &= 360° - \angle DBE - \angle PBE \\ &= 360° - \angle DBE - \angle FCE \\ &= 240° - \angle ABC - \angle ACB \\ &= 60° + \angle BAC \\ &= \angle DAF\end{aligned}$$

이고, $\overline{DA} = \overline{DB}$, $\overline{BP} = \overline{FC} = \overline{AF}$이므로

$$\triangle DBP \equiv \triangle DAF\,(SAS)$$

가 성립한다.

$\triangle FCE \equiv \triangle PBE$, $\triangle DBP \equiv \triangle DAF$에서

$$\overline{EF} = \overline{EP}, \ \overline{DP} = \overline{DF}$$

이고, $\overline{DE}$는 공통이므로

$$\triangle DEF \equiv \triangle DEP\,(SSS)$$

가 성립한다. 또, $\angle PEF = \angle BEC = 120°$이므로

$$\angle PED = \angle DEF = 60° \quad \text{···} ①$$

같은 방법으로

$$\angle PDE = \angle FDE = 60° \quad \text{···} ②$$

①②에서 $\triangle DEF$는 정삼각형이 된다.

정리 174

삼각형 ABC에서 각 변을 한 변으로 하는 정사각형을 각각 $\square ABDE$, $\square BCFG$, $\square CAKJ$라 하고 $\overline{EK}$, $\overline{DG}$, $\overline{FJ}$의 중점을 각각 L, M, N이라 하면 다음이 성립한다.

(1) $\triangle ABC = \triangle AEK = \triangle BDG = \triangle CFJ$

(2) $\overline{AL} + \overline{BM} + \overline{CN} = \dfrac{1}{2}\left(\overline{AB} + \overline{BC} + \overline{CA}\right)$

(3) $\overline{AL}$, $\overline{BM}$, $\overline{CN}$은 한 점 $H(\triangle ABC$의 수심$)$에서 만난다.

증명

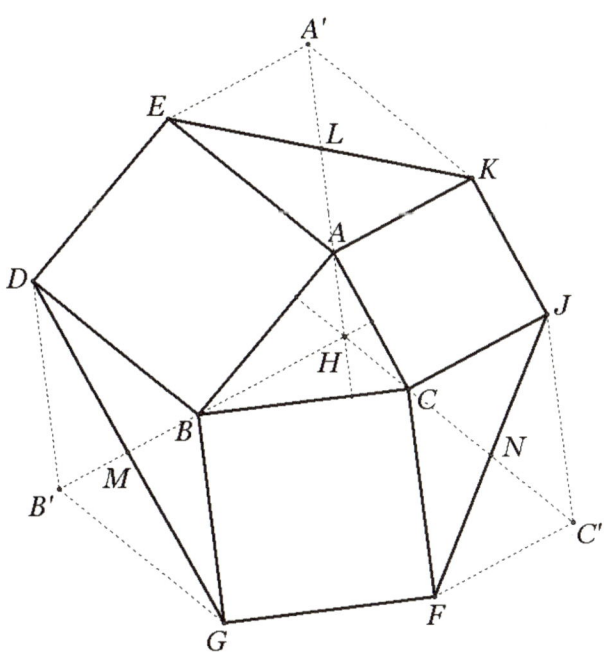

(1) $\square AEA'K$가 평행사변형이 되도록 A'를 잡으면

$$\overline{AE} = \overline{AB}, \quad \overline{A'E} = \overline{AK} = \overline{AC}, \quad \angle A'EA = 180° - \angle EAK = \angle BAC$$

에서

$$\triangle ABC \equiv \triangle EAA' \, (SAS)$$

이므로

$$\triangle ABC = \triangle EAA' = \triangle EAK = \dfrac{1}{2}\square EAKA'$$

가 성립한다. $\triangle BDG$, $\triangle CFJ$ 역시 같은 방식으로 성립한다.

(2) (1)에서 $\overline{AL} = \frac{1}{2}\overline{AA'} = \frac{1}{2}\overline{BC}$이고, 같은 방식으로

$$\overline{BM} = \frac{1}{2}\overline{BB'} = \frac{1}{2}\overline{AC},\ \overline{CN} = \frac{1}{2}\overline{CC'} = \frac{1}{2}\overline{AB}$$

가 성립한다.

(3) $\angle EAA' + \angle BAH = 90° = \angle ABC + \angle BAH$에서 $\overline{AH} \perp \overline{BC}$이다. 같은 방식으로 $\overline{BH} \perp \overline{CA}$, $\overline{CH} \perp \overline{AB}$이므로 $\overline{AL}$, $\overline{BM}$, $\overline{CN}$은 한 점 H($\triangle ABC$의 수심)에서 만난다.

정리 175

$\angle A = 90°$인 직각이등변삼각형 ABC에서 $\overline{BC}$ 위에 서로 다른 두 점을 잡아 B에 가까운 점을 E, 다른 한 점을 F라 하자. $\angle EAF = 45°$일 때

$$\overline{BE}^2 + \overline{CF}^2 = \overline{EF}^2$$

이 성립한다.

증명

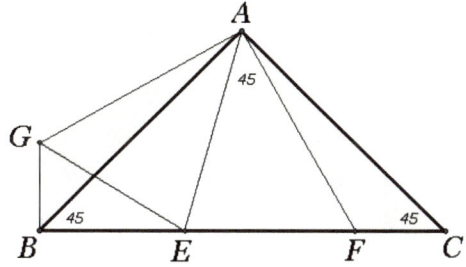

$\triangle AFC$를 A를 중심으로 시계 방향으로 $90°$ 회전한 삼각형을 $\triangle AGB$라 하면

$$\triangle AFC \equiv \triangle AGB , \ \triangle AGE \equiv \triangle AFE \, (SAS)$$

$$\overline{GB} = \overline{CF}, \ \overline{EG} = \overline{EF}$$

가 성립하고, 또 $\angle GBA = \angle FCA = 45°$에서 $\angle GBE = 90°$이므로 피타고라스의 정리에 의해

$$\overline{GB}^2 + \overline{BE}^2 = \overline{GF}^2 + \overline{BE}^2 = \overline{GE}^2 = \overline{EF}^2$$

이 성립한다.

정리 176

예각삼각형 ABC의 내부의 한 점 O에 대하여 $\angle AOB = \angle BOC = \angle COA = 120°$일 때, 삼각형의 내부의 점 P에 대해

$$\overline{PA} + \overline{PB} + \overline{PC} \geq \overline{OA} + \overline{OB} + \overline{OC}$$

가 성립한다.

증명

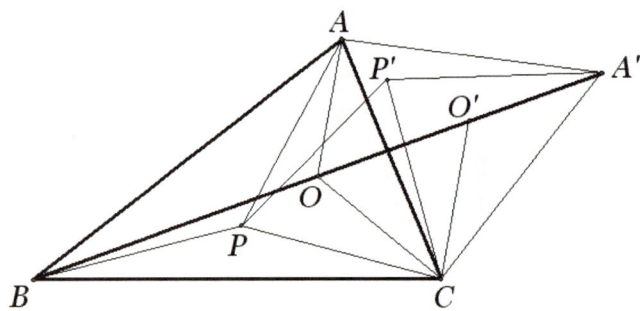

C를 중심으로 $\triangle CAO$를 시계 방향으로 $60°$ 회전한 삼각형을 $\triangle CA'O'$라 하면 $\triangle COO'$는 정삼각형이 되어

$$\angle AOB + \angle AOO' = 180° = \angle CO'O + \angle A'O'C$$

에서 $\overline{BO}, \overline{OO'}, \overline{O'A'}$는 같은 직선 위에 있으므로

$$
\begin{aligned}
\overline{OA} + \overline{OB} + \overline{OC} &= \overline{BA'} \\
&\leq \overline{BP} + \overline{PP'} + \overline{P'A'} \\
&= \overline{PB} + \overline{PC} + \overline{PA}
\end{aligned}
$$

가 성립한다.

1. 한 변의 길이가 2인 정삼각형 ABC가 있고, $\triangle ABC$의 외심을 중심으로 하고 반지름이 $\frac{1}{2}$인 원 O가 내부에 있다. O 위의 두 점 P, T와 $\overline{AB}$, $\overline{BC}$, $\overline{CA}$ 위의 임의의 점 Q, R, S에 대해 $\overline{PQ} + \overline{QR} + \overline{RS} + \overline{ST}$의 최솟값을 구하여라.

2. 그림과 같이 $\angle XOY = 45°$인 두 직선 $\overline{OX}$와 $\overline{OY}$가 있다. $\overline{OA} = 4$가 되는 점 A를 $\angle XOY$의 내부에 잡고, $\triangle ABC$의 둘레가 최소가 되게 하는 점 B, C를 $\overline{OX}$, $\overline{OY}$ 위에 잡는다. 이 때 $\overline{BC}$와 $\overline{OA}$ 의 교점을 P라 하면 $\overline{OP} = 3$, $\overline{PA} = 1$이 된다고 한다. $\triangle ABC$의 넓이를 구하여라.

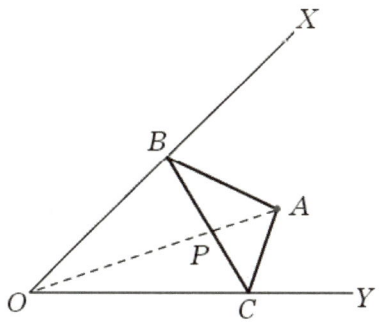

3. 볼록사각형 $ABCD$에서 $\angle DAB = a$, $\angle ADB = b$, $\angle ACB = c$, $\angle DBC = d$, $\angle DBA = e$이다. $a < \frac{\pi}{2}$, $b + c = \frac{\pi}{2}$, $d + 2e = \pi$라고 할 때
$$(\overline{DB} + \overline{BC})^2 = \overline{AD}^2 + \overline{AC}^2$$
이 성립함을 보여라.

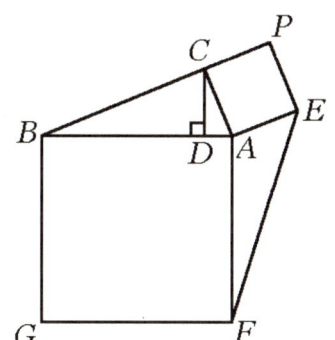

231

4. $\angle C = 90°$ 인 직각삼각형 ABC의 외부에 정사각형 $CAEP$와 정사각형 $ABGF$를 그린다. C에서 $\overline{AB}$에 내린 수선의 발을 D라 할 때

$$(\overline{AF} + \overline{AD})^2 = \overline{EF}^2 - \overline{CD}^2$$

이 성립함을 보여라.

5. $\angle ABC = 2\angle ACB$ 인 삼각형 ABC에서 $\angle BAC$의 이등분선과 변 $\overline{BC}$와의 교점을 D라 한다. $\overline{AB} = \overline{CD}$일 때 $\angle BAC$의 크기를 구하여라.

6. 직각삼각형 ABC에서 D는 빗변 $\overline{BC}$의 중점이고, E, F는 각각 변 $\overline{AB}$, $\overline{AC}$ 위의 점이다. $\triangle DEF$의 둘레의 길이가 $\overline{BC}$의 길이보다 크다는 것을 증명하여라.

정답 및 해설

연습문제 01

1. $\overline{BC}$ 를 지름의 양끝으로 하는 원에서 A 는 $\overgroup{BC}$ 의 중점이고, 열호 AC 위의 점을 P 라 하고, A 에서 $\overline{BP}$ 에 내린 수선의 발을 H 라 할 때

$$\overline{BH} = \overline{HP} + \overline{CP}$$

가 성립함을 보여라.

[증명]

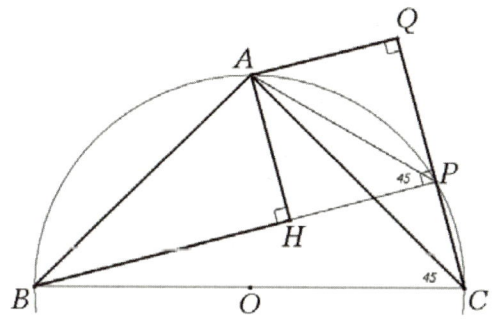

A 에서 $\overline{CP}$ 의 연장선에 내린 수선의 발을 Q 라 하면

$$\angle ACB = \angle APB = 45°\text{ 에서}$$

□$AHPQ$ 는 정사각형이므로

$$\overline{AH} = \overline{AQ} \cdots\cdots\cdots\cdots\cdots\cdots\cdots\cdots\cdots\cdots\cdots\cdots\cdots\cdots\cdots① $$

이다. 또, 조건에서

$$\overline{AB} = \overline{AC} \cdots\cdots\cdots\cdots\cdots\cdots\cdots\cdots\cdots\cdots\cdots\cdots\cdots\cdots\cdots② $$

이므로 ① ②에서

$$\triangle ABH \equiv \triangle ACQ\,(RHS)$$

이다. 따라서

$$\overline{HP} + \overline{CP} = \overline{QP} + \overline{CP} = \overline{QC} = \overline{BH}$$

가 성립한다.

2 $\overline{AB}$ 와 $\overline{CD}$ 가 평행한 등변사다리꼴 $ABCD$ 가 있다. $\overline{AB} = \overline{BC} = \overline{DA} = 1$, $\overline{CD} = 2$ 이다. 변 $\overline{AD}$ 위의 동점 E 를 다음의 조건을 만족하도록 잡는다.

조건: E 를 지나는 직선을 접는 선으로 하여 이 등변사다리꼴을 접었을 때, 꼭짓점 A 가 변 $\overline{DC}$ 위에 닿을 수 있도록 하는 $\overline{DE}$ 의 길이의 최댓값을 구하여라.

[정답] $4 - 2\sqrt{3}$

[풀이]

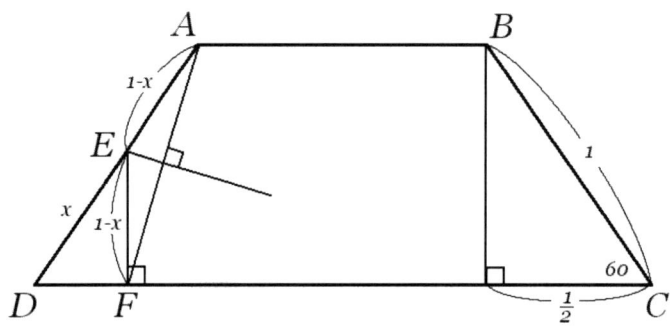

$\overline{DE}$ 는 $\overline{AE}$ 의 길이가 최소일 때 최대가 되므로 그림과 같이 $\overline{AE} = \overline{EF} \perp \overline{DC}$ 일 때 $\overline{DE}$ 가 최대

$\angle BCD = \angle ADC = 60°$ 이므로 $\overline{DE} = \dfrac{2}{\sqrt{3}}(1-x)$

$x = \dfrac{2}{\sqrt{3}}(1-x)$ 에서 $x = 4 - 2\sqrt{3}$

3. $\overline{AB} /\!/ \overline{CD}$ 인 사다리꼴 $ABCD$ 에서 $\overline{AB} = 11$, $\overline{BC} = 5$, $\overline{CD} = 19$, $\overline{DA} = 7$ 이다. $\angle A$, $\angle D$ 의 이등분선이 P 에서 만나고, $\angle B$, $\angle C$의 이등분선이 Q 에서 만날 때 육각형 $ABQCDP$ 의 넓이를 구하여라.

[정답] $30\sqrt{3}$

[풀이]

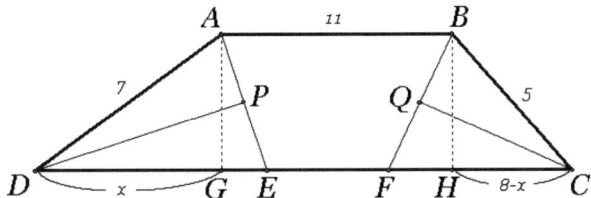

$\overline{AG}^2 = \overline{BH}^2 = 7^2 - x^2 = 5^2 - (8-x)^2$ 이므로

$$x = \frac{11}{2}, \quad \overline{AG} = \overline{BH} = \frac{5\sqrt{3}}{2}$$

$\angle BAE = \angle DAE = \angle DEA$ 이므로 $\triangle ADE$는 이등변삼각형이고, 같은 방식으로 $\triangle BCF$도 이등변삼각형이다.

$$\triangle ADP = \frac{1}{2}\triangle ADE = \frac{1}{2}\times 7 \times \frac{5\sqrt{3}}{2}$$

$$\triangle BCQ = \frac{1}{2}\triangle BCF = \frac{1}{2}\times 5 \times \frac{5\sqrt{3}}{2}$$

육각형의 넓이는

$$\square ABCD - \triangle ADP - \triangle BCQ = 30\sqrt{3}$$

4. 삼각형 ABC의 넓이는 1 이다. $\overline{AB}$, $\overline{AC}$ 위의 점 E, F가 $\overline{EF} \mathbin{/\mkern-5mu/} \overline{BC}$, $\triangle AEF = \triangle EBC$를 만족할 때 $\triangle EFC$의 넓이를 구하여라.

[정답] $\sqrt{5} - 2$

[풀이]

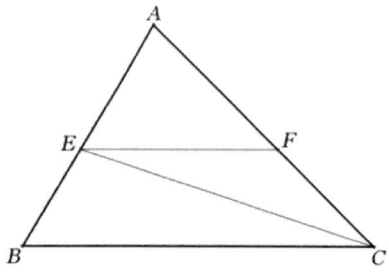

$\triangle ABC$에서 $\overline{BC}$ 에 대한 높이를 1이라 하고, $\triangle AEF$ 에서 $\overline{EF}$ 에 대한 높이를 k라 하면
$$\triangle AEF = k^2, \quad \triangle EBC = 1 - k$$
에서 $k = \dfrac{\sqrt{5} - 1}{2}$ 이므로
$$\triangle EFC = 1 - k^2 - (1 - k) = \sqrt{5} - 2$$

5. 사각형 $ABCD$ 에서 $\angle A = 135°$, $\angle B = 75°$, $\overline{BC} = \overline{CD} = \overline{DA} = 1$ 을 만족할 때 $\overline{AB}$ 의 길이를 구하여라.

[정답] $\dfrac{\sqrt{6} - \sqrt{2}}{2}$

[풀이]

직각삼각형 CDG에서 $\overline{CG} = \dfrac{\sqrt{3} + 1}{2} - x$ 이므로

$$\left(\frac{\sqrt{3} + 1}{2} - x \right)^2 + (1 - x)^2 = 1$$

6. $\overline{BC}$ // $\overline{AD}$ 인 사다리꼴 $ABCD$에서 $\overline{BC} = 1000$, $\overline{AD} = 2010$ 이다.

$\angle A = 43°$, $\angle D = 47°$ 이고 $\overline{BC}$, $\overline{AD}$ 의 중점을 각각 M, N이라 할 때 $\overline{MN}$의 길이를 구하여라.

[정답] 505
[풀이]

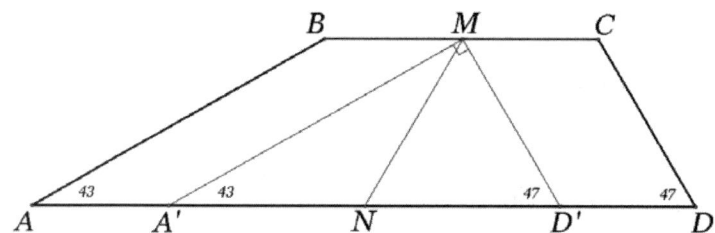

$\angle A + \angle D = 90°$ 에 주목하면 그림과 같이 M에서 $\overline{AB}$, $\overline{CD}$에 각각 평행선을 그어 $\overline{AD}$와 만나는 점을 각각 A', D'라 하면 $\square AA'MB$, $\square DD'MC$는 평행사변형이 되므로 $\overline{NA'} = \overline{ND'}$가 되어 N은 직각삼각형 $A'MD'$의 외심이 된다.

$$\overline{MN} = \overline{NA'} = \frac{1}{2}(2010 - 1000) = 505$$

7. 그림과 같이 $\overline{AB} = \overline{BC}$, $\overline{AE} = \overline{DE}$ 이고, $\angle ABC = \angle AED = 90°$ 인 오각형 $ABCDE$가 있다. M, N은 각각 $\overline{CD}$, $\overline{BE}$ 의 중점이고, $\overline{AB} = 20$, $\overline{AE} = 10$, $\overline{MN} = 15$ 일 때 오각형 $ABCDE$의 넓이를 구하여라.

[정답] 450
[풀이]

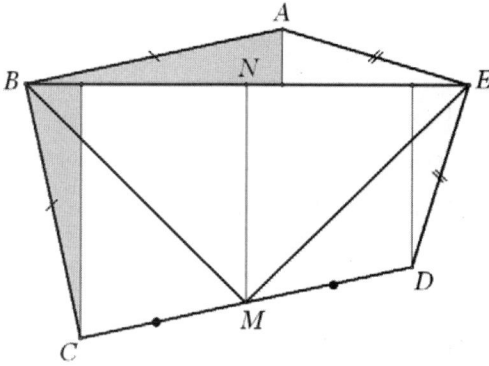

오각형 $ABCDE$의 넓이 $= 2 \triangle BME = 2 \times 15^2 = 450$

8. 정삼각형 ABC의 변 $\overline{BC}$ 위에 점 D가 있다. D에서 $\overline{BC}$와 접하는 원이 $\overline{AB}$와 M, N에서 만나고 $\overline{AC}$와 P, Q에서 만난다.

$$\overline{BD} + \overline{AM} + \overline{AN} = \overline{CD} + \overline{AP} + \overline{AQ}$$

임을 보여라.

[증명]

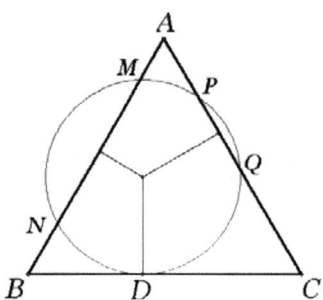

정삼각형 ABC의 한 변의 길이를 s라 두면

$$\begin{aligned}
\overline{BD}^2 = \overline{BN} \cdot \overline{BM} &= (\overline{AB} - \overline{AN})(\overline{AB} - \overline{AM}) \\
&= \overline{AB}^2 - (\overline{AM} + \overline{AN})\overline{AB} + \overline{AM} \cdot \overline{AN} \\
&= s^2 - (\overline{AM} + \overline{AN})s + \overline{AM} \cdot \overline{AN} \quad \cdots\cdots ①
\end{aligned}$$

$$\begin{aligned}
\overline{CD}^2 = \overline{CP} \cdot \overline{CQ} &= (\overline{AC} - \overline{AP})(\overline{AC} - \overline{AQ}) \\
&= \overline{AC}^2 - (\overline{AP} + \overline{AQ})\overline{AC} + \overline{AP} \cdot \overline{AQ} \\
&= s^2 - (\overline{AP} + \overline{AQ})s + \overline{AP} \cdot \overline{AQ} \quad \cdots\cdots ②
\end{aligned}$$

또 방멱에 대한 정리에 의해

$$\overline{AM} \cdot \overline{AN} = \overline{AP} \cdot \overline{AQ} \quad \cdots\cdots ③$$

①②③에서

$$\begin{aligned}
s^2 + \overline{AM} \cdot \overline{AN} = s^2 + \overline{AP} \cdot \overline{AQ} \\
= \overline{BD}^2 + (\overline{AM} + \overline{AN})s \\
= \overline{CD}^2 + (\overline{AP} + \overline{AQ})s \\
(\overline{AP} + \overline{AQ})s = (\overline{BD} - \overline{CD})(\overline{BD} + \overline{CD}) + (\overline{AM} + \overline{AN})s \\
= (\overline{BD} - \overline{CD})s + (\overline{AM} + \overline{AN})s
\end{aligned}$$

양변을 s로 약분하고 정리하면

$$\overline{BD} + \overline{AM} + \overline{AN} = \overline{CD} + \overline{AP} + \overline{AQ}$$

가 성립한다.

1. 사각형 $ABCD$에서 대각선의 교점을 O라고 할 때 $\overline{AO} = 4$, $\overline{CO} = 5$, $\overline{DO} = 3$, $\overline{AD} = 6$ 이고, $\overline{BD} = \overline{CD}$ 를 만족할 때 $\dfrac{\triangle AOB}{\triangle COD}$ 의 값을 구하여라.

[정답] $\dfrac{2}{5}$

[풀이]

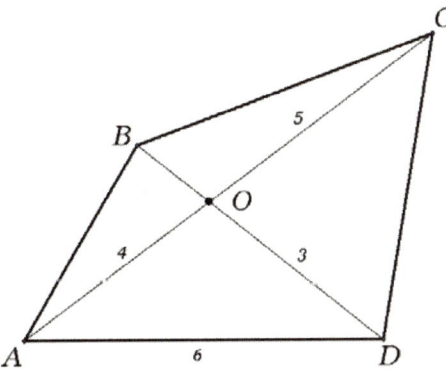

$\overline{BO} = x$라 두면 $\overline{CD} = x+3$이 된다.

$\angle AOD = \theta$라 하면 $\cos\theta + \cos(180 - \theta) = 0$이므로 $\triangle AOD$, $\triangle COD$에서 각각 $\cos 2$ 정리를 적용하면

$$\frac{4^2 + 3^2 - 6^2}{2 \cdot 4 \cdot 3} + \frac{3^2 + 5^2 - (x+3)^2}{2 \cdot 3 \cdot 5} = 0$$

가 성립한다. 준식을 정리하면

$$x = \frac{3}{2}, \quad \frac{\triangle AOB}{\triangle COD} = \frac{AO \cdot BO}{CO \cdot DO} = \frac{2}{5}$$

2. 그림과 같은 △ABC에서 △ADE 와 □$BCED$ 의 넓이가 같다. 또 $\overline{BD} = \overline{CE}$ 이고, $\overline{AD} = 3$, $\overline{AE} = 10$ 일 때 $\overline{BD}$ 의 값을 구하시오.

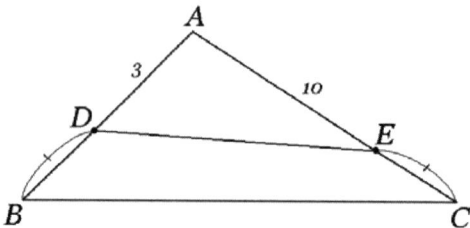

[정답] 2

[풀이] $\overline{BD} = x$ 라 두면

$$\triangle ADE = \frac{3}{x+3} \triangle ABE \quad \cdots\cdots\cdots\cdots\cdots\cdots\cdots\cdots\cdots\cdots① $$

$$\triangle ABE = \frac{10}{x+10} \triangle ABC \quad \cdots\cdots\cdots\cdots\cdots\cdots\cdots\cdots② $$

①②에서

$$\frac{\triangle ADE}{\triangle ABC} = \frac{3}{x+3} \cdot \frac{10}{x+10} = \frac{1}{2} \text{이므로}$$

$$x = 2$$

3. 직각삼각형 ABC에서 $\angle A = 30°$, $\angle C = 90°$, $AB = 2$를 만족한다. 직각삼각형의 바깥 쪽에 세 변을 한 변으로 하는 정삼각형 $\triangle ABD$, $\triangle ACE$, $\triangle BCF$를 작도했을 때 $\overline{DE}$가 $\overline{AB}$와 G에서 만난다고 한다. $\triangle DGF$의 넓이를 구하여라.

[정답] $\dfrac{9\sqrt{3}}{4}$

[풀이]

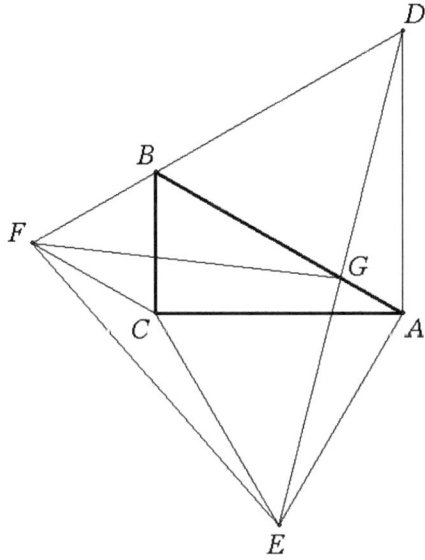

$\angle EAG = 90°$이므로 $\triangle AEG = \dfrac{1}{2} \cdot AC \cdot AG = \dfrac{\sqrt{3}}{2} AG$이고

또 $\triangle ADG = \dfrac{1}{2} \cdot AD \cdot AG \cdot \sin 60° = \dfrac{\sqrt{3}}{2} AG$에서

$$\overline{GD} = \overline{GE}$$

이므로

$$\triangle DGF = \triangle EGF$$
$$= \dfrac{1}{2}\triangle DEF$$
$$= \dfrac{1}{2}(\triangle ABC + \triangle ABD + \triangle BCF + \triangle ACE + \triangle CEF - \triangle ADE)$$

가 성립한다.

4. 한 변의 길이가 1인 정육각형 $ABCDEF$에서 $\overline{AB}$, $\overline{DE}$의 중점을 각각 P, S라고 한다. P, S를 지름으로 하는 원과 $\overline{PE}$, $\overline{PD}$가 만나는 점을 각각 Q, R이라 할 때 사각형 $QRED$의 넓이를 구하여라.

[정답] $\dfrac{25\sqrt{3}}{338}$

[풀이]

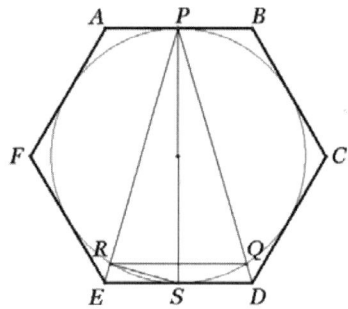

$\overline{PS} = \sqrt{3}$, $\overline{ES} = \dfrac{1}{2}$이므로 $\overline{EP} = \dfrac{\sqrt{13}}{2}$에서

$$\triangle PED = \frac{\sqrt{3}}{2}$$

또 $\overline{PE} \perp \overline{SQ}$ 이므로 직각삼각형의 사영에 관한 정리에 의해

$$\overline{SE}^2 = \frac{1}{4} = \overline{EQ} \cdot \overline{EP}, \quad \overline{PQ} = \frac{6}{\sqrt{13}}$$

$$\triangle PQR = \frac{72\sqrt{3}}{169}$$

$$\square QRED = \triangle PED - \triangle PQR = \frac{25\sqrt{3}}{338}$$

5. 사각형 $ABCD$에서 $\overline{AD} \parallel \overline{BC}$, $\overline{AC} \perp \overline{BD}$ 이고, $\overline{AC} = 5$ 이다. C에서 $\overline{AD}$에 내린 수선의 발을 F라 하면 $\overline{CF} = 4$를 만족할 때 평행사변형 $ABCD$의 넓이를 구하여라.

[정답] $\dfrac{50}{3}$

[풀이]

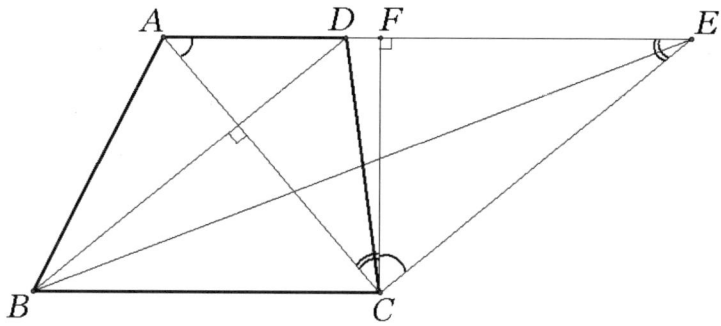

$\overline{AD}$의 연장선 위에 $\overline{BD} \parallel \overline{CE}$를 만족하는 점 E를 잡으면

$$\triangle ACF \sim \triangle CEF$$

에서 $\dfrac{4}{3} = \dfrac{\overline{EF}}{4}$ 이므로

$$\overline{EF} = \dfrac{16}{3}$$

또 $\angle ACE = 90°$ 이므로 피타고라스 정리에 의해

$$\overline{CE} = \dfrac{20}{3}$$

$$\square ABCD = \dfrac{1}{2}\,\overline{AC} \cdot \overline{BD} = \dfrac{50}{3}$$

6. 직각삼각형 $ABCD$에서 X, Y는 각각 $\overline{AB}$, $\overline{BC}$ 위의 점이다. $\triangle AXD = 5$, $\triangle BXY = 4$, $\triangle DYC = 3$일 때 삼각형 DXY의 넓이를 구하여라.

[정답] $2\sqrt{21}$

[풀이]

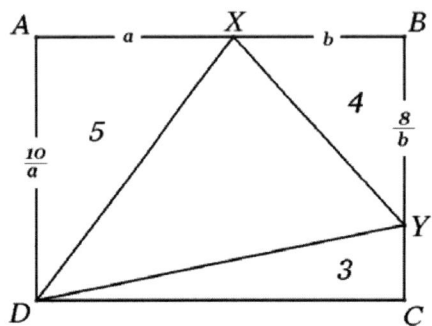

$\square ABCD = \dfrac{10}{a}(a+b) = 10 + 10\dfrac{b}{a}$ 이므로

$\triangle DXY = 10\dfrac{b}{a} - 2$

$\triangle DCY = 3 = \dfrac{1}{2}(a+b)\left(\dfrac{10}{a} - \dfrac{8}{b}\right)$ 에서 $\dfrac{b}{a} = x$ 라 두면

$10x^2 - 4x - 8 = 0$

$x = \dfrac{1 + \sqrt{21}}{5}$

$\triangle DXY = 2\sqrt{21}$

7. 삼각형 ABC에서 $\overline{AB} = 10$, $\overline{AC} = 5$ 이고 $\angle A$ 의 이등분선 위에 $\overline{AD} = 2$ 가 되는 점 D 를 삼각형의 내부에 잡으면 $\overline{CD} : \overline{BC} = 1 : 3$ 이 된다. 이 때 $\triangle ADC$의 넓이를 구하여라.

[정답] 4
[풀이]

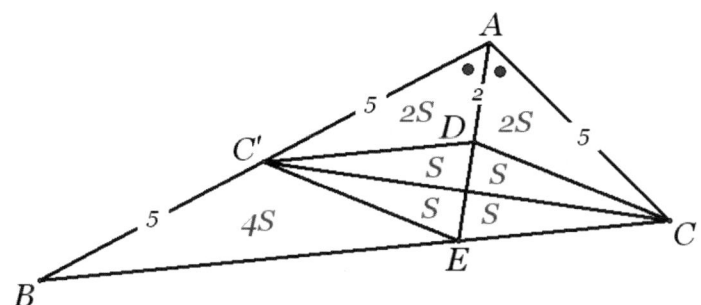

각의 이등분선 정리에 의해 $\overline{BE} : \overline{CE} = 2 : 1$이므로 $\triangle ACD \equiv \triangle AC'D$에서
$$\overline{C'D} = \overline{CD} = \overline{CE}$$

그림에서 $\square CDC'E$가 마름모이므로 $\triangle ADC = \dfrac{1}{2} \times 2 \times 4 = 4$

8. 사각형 $ABCD$ 의 대각선 $\overline{BD}$ 와 $\overline{AC}$ 가 $\angle B$ 와 $\angle C$ 의 이등분선이 되고, 대각선의 교점을 P 라 하면 $\angle DPC = 45°$ 가 된다. 삼각형 PBC의 넓이가 12 일 때 사각형 $ABCD$ 의 넓이를 구하여라.

[정답] 24
[풀이]

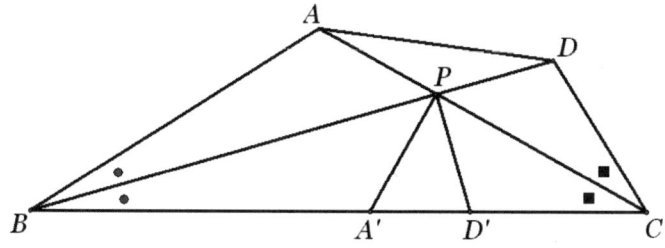

$\triangle ABP = \triangle A'BP$, $\triangle CDP \equiv \triangle CD'P$인 점 A', C'를 잡으면
$\angle APD + \angle A'PD' = 180°$이므로 $\triangle APD = \triangle A'PD'$가 된다.
그러므로
$$\square ABCD = 2\triangle PBC$$

9. 그림에서 점 C는 $\overline{AB}$ 위의 점이다. $\triangle ACD$는 정삼각형이고, $\triangle CBE$는 꼭짓각의 크기가 80°이고, $\overline{EC} = \overline{EB}$인 이등변삼각형이다. 또 점 P, Q, R이 각각 $\overline{AB}$, $\overline{AE}$, $\overline{DE}$의 중점일 때 $\triangle PQR$의 넓이는 $\triangle DCE$의 넓이의 몇 배인가?

[정답] $\dfrac{1}{4}$배

[풀이]

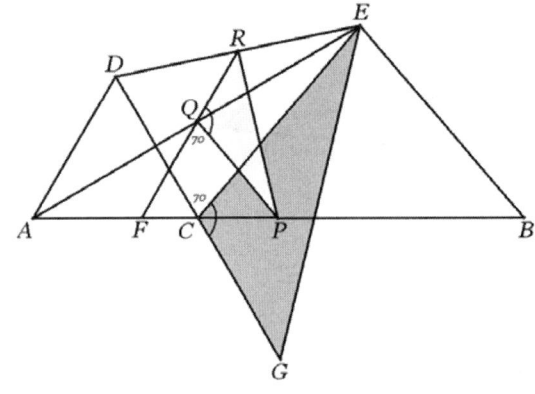

$$\triangle PQR \backsim \triangle ECG \,(SAS\ 1:2)$$

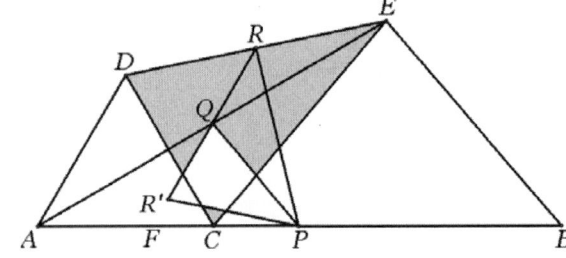

$$\triangle CDE \backsim \triangle QR'P \,(SAS\ 2:1)$$

1. 볼록사각형 $ABCD$의 각 변 $\overline{AB}$, $\overline{BC}$, $\overline{CD}$, $\overline{DA}$를 삼등분하는 점을 차례대로 K_1, K_2 ; L_1, L_2 ; M_1, M_2 ; N_1, N_2라 하고, $\overline{K_1M_2}$와 $\overline{L_1N_2}$, $\overline{K_2M_1}$과 $\overline{L_1N_2}$, $\overline{K_2M_1}$과 $\overline{L_2N_1}$, $\overline{K_1M_2}$와 $\overline{N_1L_2}$의 교점을 각각 P, Q, R, S라 한다. $\square PQRS$를 둘러싸는 4개의 사각형 $\square K_1K_2QP$, $\square L_1L_2RQ$, $\square M_1M_2SR$, $\square N_1N_2PS$의 넓이의 합과 사각형 $ABCD$의 넓이의 비를 구하여라.

[정답] 4 : 9
[풀이]

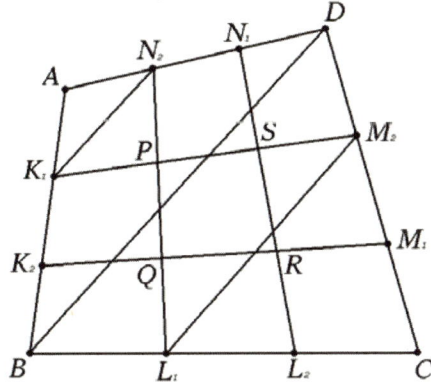

(1) $\triangle AK_1N_2 \backsim \triangle ABD$, $\triangle CL_1M_2 \backsim \triangle CBD$에서 $\overline{K_1N_2} \parallel \overline{BD} \parallel \overline{L_1M_2}$이므로
$$\triangle PN_2K_1 \backsim \triangle PL_1M_2$$
이고, 닮음비는 1 : 2이므로 $\overline{PK_1} : \overline{PM_2} = 1 : 2$가 되어 P는 $\overline{K_1M_2}$의 삼등분점이다. 같은 방식으로 Q도 $\overline{L_1N_2}$의 삼등분점이다.

(2) $\square PQRS = \dfrac{1}{3}\square K_1K_2M_1M_2 = \dfrac{1}{9}\square ABCD$

(3) (2)에서 $\square PQRS = \dfrac{1}{9}\square ABCD$이므로
$$\square K_1K_2QP + \square L_1L_2RQ + \square M_1M_2SR + \square N_1N_2PS = \dfrac{2}{9}S + \dfrac{2}{9}S = \dfrac{4}{9}S$$

2. 삼각형 ABC에서 $\overline{BC}$, $\overline{CA}$, $\overline{AB}$의 중점이 각각 D, E, F이고, $\overline{AD} = 5$, $\overline{BE} = 6$, $\overline{CF} = 7$일 때 $\triangle ABC$의 넓이를 구하여라.

[정답] $8\sqrt{6}$

[풀이]

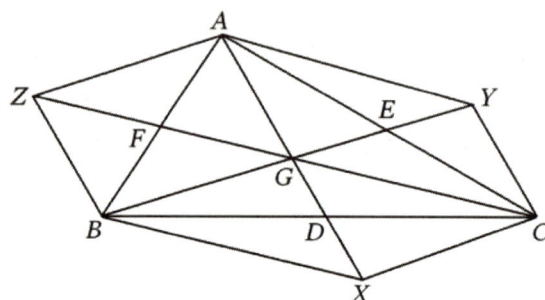

$\overline{AD}$를 연장하여 $\overline{GD} = \overline{DX}$를 만족하는 점 X를 잡고, 같은 방식으로 Y, Z를 잡으면 $\square AZBG$, $\square BXCG$, $\square CYAG$는 모두 평행사변형이다.(대각선이 서로 이등분)

$\overline{AD} = x$, $\overline{BE} = y$, $\overline{CF} = z$라 두면

$$\overline{GX} = \frac{2}{3}x, \quad \overline{GY} = \frac{2}{3}y, \quad \overline{GZ} = \frac{2}{3}z$$

이므로

$$\triangle BGX = \triangle CGY = \triangle AGZ$$

$s = \dfrac{1}{2}(x + y + z)$라 하면

$$
\begin{aligned}
\triangle ABC &= \triangle BGC + \triangle CGA + \triangle AGB \\
&= \triangle BGX + \triangle CGY + \triangle AGZ \\
&= 3\triangle BGX \\
&= 3\sqrt{\frac{2}{3}s \, \frac{2}{3}(s-x) \, \frac{2}{3}(s-y) \, \frac{2}{3}(s-z)} \\
&= \frac{4}{3}\sqrt{s(s-x)(s-y)(s-z)} \\
&= \frac{4}{3}\sqrt{9 \cdot 4 \cdot 3 \cdot 2} \\
&= 8\sqrt{6}
\end{aligned}
$$

*참고: 정리 103 을 이용해서 풀어도 좋다.

3. 삼각형 ABC의 수심을 H, 무게중심을 G, 외심을 O라 할 때 $\dfrac{\overline{OH}}{\overline{GH}}$의 값을 구하여라.

[정답] $\dfrac{3}{2}$

[풀이] 오일러 직선

250

4. 평면 위에 길이가 7인 $\overline{AB}$가 있고, 임의의 점 P와 $\overline{AB}$와의 거리는 3이다. $\overline{PA} \times \overline{PB}$가 취할 수 있는 최솟값을 구하여라.

[정답] 21

[풀이 1]

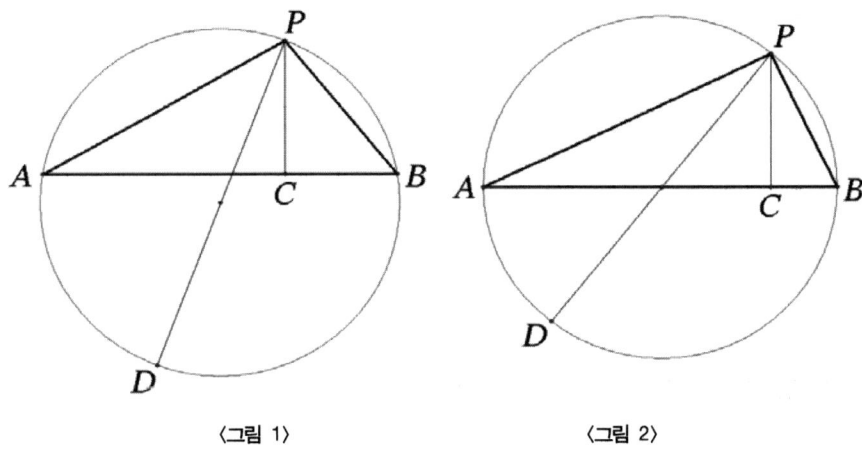

〈그림 1〉　　　　　　〈그림 2〉

$\overline{PA} \cdot \overline{PB} = \overline{PC} \cdot \overline{PD}$에서 $\overline{PC} = 3$이므로 $\overline{PD}$의 길이가 최소일 때 $\overline{PA} \cdot \overline{PB}$가 최소가 된다.

즉, $\overline{AB} = \overline{PD}$가 지름이 될 때 $\overline{PA} \cdot \overline{PB}$가 최솟값을 가지므로

$$\overline{PA} \cdot \overline{PB} \geq 3 \cdot 7 = 21$$

[풀이 2]

$$\triangle PAB = \frac{1}{2}\overline{PA} \cdot \overline{PB} \cdot \sin \angle APB = \frac{1}{2} \times 3 \times 7 \text{에서}$$

$$\overline{PA} \cdot \overline{PB} = \frac{21}{\sin \angle APB}$$

이므로 $\angle APB = 90°$일 때 $\overline{PA} \cdot \overline{PB} = 21$이 되어 최솟값이 된다.

5. $\overline{AB} = \overline{AC}$인 이등변삼각형 ABC에서 중선 $\overline{AM} = 11$이고, $\overline{AM}$ 위의 임의의 점 D에 대해 $\overline{AD} = 10$, $\angle BDC = 3\angle BAC$를 만족할 때 $\triangle ABC$의 둘레의 길이를 구하여라.

[정답] $11\sqrt{5} + 11$

[풀이]

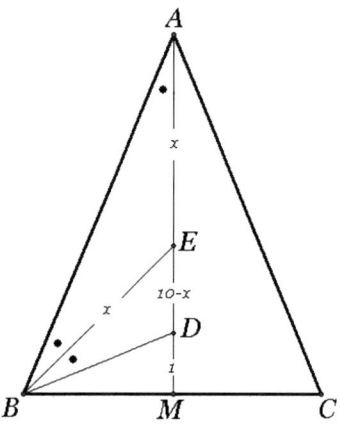

$\overline{AE} = \overline{BE} = x$라 두면

$$\overline{BM} = \sqrt{\overline{BE}^2 - \overline{EM}^2} = \sqrt{22x - 121}$$

$$\overline{BD} = \sqrt{\overline{BM}^2 + \overline{DM}^2} = \sqrt{22x - 120}$$

$$\overline{AB} = \sqrt{\overline{BM}^2 + \overline{AM}^2} = \sqrt{22x}$$

이고, 각의 이등분선 정리에 의해

$$\frac{\overline{AB}}{\overline{BD}} = \frac{\overline{AE}}{\overline{DE}}$$

에서

$$\frac{\sqrt{22x}}{\sqrt{22x - 120}} = \frac{x}{10 - x}$$

이므로 $x = \dfrac{55}{8}$

6. 삼각형 ABC에서 둘레의 길이는 $\overline{BC}$의 길이의 7 배이고, $\overline{AB} < \overline{AC}$를 만족한다. 또 내접원이 $\overline{BC}$와 E에서 접하고, E를 지나는 내접원의 지름 $\overline{DE}$와 중선 $\overline{AM}$의 교점을 F라 할 때 $\dfrac{\overline{DF}}{\overline{FE}}$ 의 값을 구하여라.

[정답] $\dfrac{5}{7}$

[풀이]

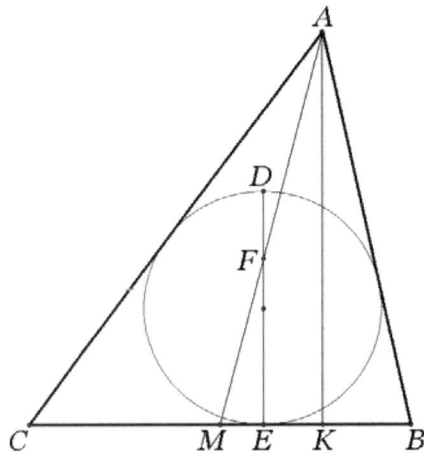

$$\overline{CK} = b\cos C = \frac{a^2 + b^2 - c^2}{2a}$$

$$\overline{CE} = s - c$$

$$\overline{ME} = \overline{CE} - \overline{CM} = \frac{b - c}{2}$$

$$\overline{MK} = \overline{CK} - \overline{CM} = \frac{b^2 - c^2}{2a}$$

$\triangle MEF \backsim \triangle MKA$에서 $\dfrac{\overline{FE}}{\overline{AK}} = \dfrac{\overline{ME}}{\overline{MK}} = \dfrac{a}{b + c} = \dfrac{1}{6}$ 이므로

$$\overline{FE} = \frac{1}{6}h$$

또 $\dfrac{1}{2}ah = rs$에서 $r = \dfrac{1}{7}h$이므로

$$\frac{\overline{DF}}{\overline{FE}} = \frac{\dfrac{2}{7} - \dfrac{1}{6}}{\dfrac{1}{6}} = \frac{5}{7}$$

7. 예각삼각형 ABC에서 $\overline{BC}$ 위의 점 D는 $\overline{BD} : \overline{DC} = 2 : 3$을 만족하고, $\overline{CA}$ 위의 점 E는 $\overline{AE} : \overline{EC} = 3 : 4$를 만족한다. $\overline{AD}$, $\overline{BE}$의 교점을 F라 할 때 $\dfrac{\overline{AF}}{\overline{FD}} \times \dfrac{\overline{BF}}{\overline{FE}}$ 의 값을 구하여라.

[정답] $\dfrac{35}{12}$

[풀이]

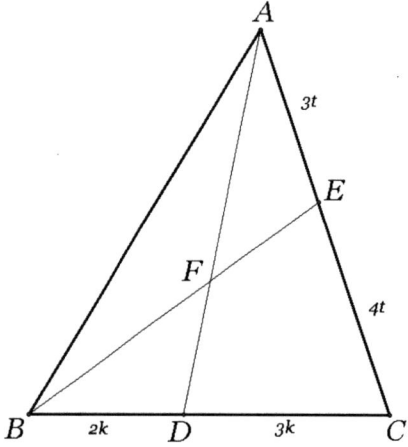

$\triangle ADC - \overline{FBE}$에서 메넬라우스 정리를 적용하면

$$\frac{\overline{AF}}{\overline{FD}} = \frac{15}{8}$$

$\triangle BCE - \overline{DAF}$에서 메넬라우스 정리를 적용하면

$$\frac{\overline{BF}}{\overline{EF}} = \frac{14}{9}$$

$$\frac{\overline{AF}}{\overline{FD}} \times \frac{\overline{BF}}{\overline{FE}} = \frac{35}{12}$$

8. O에서 만나는 두 선분 $\overline{OB}$, $\overline{OD}$가 있다. $\overline{OB}$ 위에 점 A가 있고, $\overline{OD}$ 위에 점 C가 있다. $\overline{AD}$의 중점과 $\overline{BC}$의 중점을 연결하는 직선이 직선 $\overline{AB}$와 점 M에서 만나고, 직선 $\overline{CD}$와 점 N에서 만난다고 할 때 $\dfrac{\overline{OM}}{\overline{ON}} = \dfrac{\overline{AB}}{\overline{CD}}$가 성립함을 보여라.

[증명]

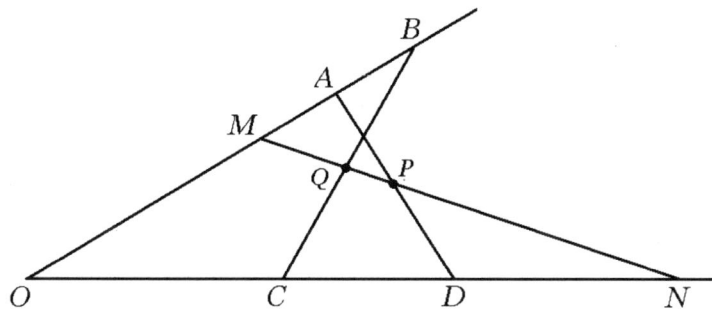

(1) $\triangle AOD$에서 메넬라우스 정리를 적용하면

$$\frac{\overline{AM}}{\overline{MO}} \cdot \frac{\overline{ON}}{\overline{ND}} \cdot \frac{\overline{DP}}{\overline{PA}} = 1$$

이므로

$$\frac{\overline{OM}}{\overline{ON}} = \frac{\overline{AM}}{\overline{DN}} = k \cdots\cdots\cdots\cdots\cdots\cdots\cdots\cdots\cdots\cdots\cdots\cdots\cdots\cdots ①$$

(2) $\triangle BOC$에서 메넬라우스 정리를 적용하면

$$\frac{\overline{BM}}{\overline{MO}} \cdot \frac{\overline{ON}}{\overline{NC}} \cdot \frac{\overline{CQ}}{\overline{QB}} = 1$$

이므로

$$\frac{\overline{OM}}{\overline{ON}} = \frac{\overline{BM}}{\overline{NC}} = \frac{\overline{AB}+\overline{AM}}{\overline{CD}+\overline{DN}} \cdots\cdots\cdots\cdots\cdots\cdots\cdots\cdots\cdots\cdots\cdots ②$$

①②에서

$$\frac{\overline{OM}}{\overline{ON}} = \frac{\overline{AM}}{\overline{DN}} = \frac{\overline{BM}}{\overline{CN}}$$

$$\frac{\overline{AM}}{\overline{CN} - \overline{CD}} = \frac{\overline{BM}}{\overline{CN}} = \frac{\overline{AB}}{\overline{CD}}$$

9. 삼각형 ABC에서 $\overline{AB}$의 중점을 M이라 하자. $\angle ABC$의 이등분선이 $\overline{AC}$와 만나는 점을 D라 하자. $\overline{MD} \perp \overline{BD}$이면 $\overline{AB} = 3\overline{BC}$임을 증명하여라.

[증명 1]

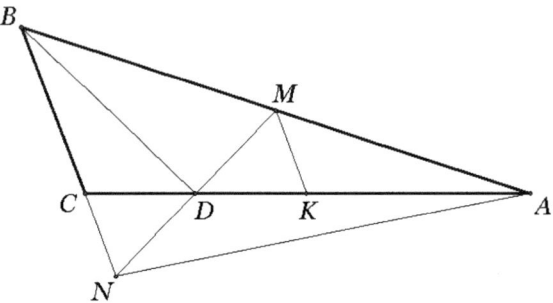

$\overline{BC}$의 연장선과 $\overline{MD}$의 연장선의 교점을 N이라 두면 $\triangle BMN$은 이등변삼각형이다.

$\triangle CDN \equiv \triangle KDM$이므로 $\overline{CN} = \overline{MK} = \dfrac{1}{2}\overline{BC}$에서

$$\overline{BC} = \dfrac{2}{3}\overline{BM} = \dfrac{1}{3}\overline{AB}$$

[증명 2]

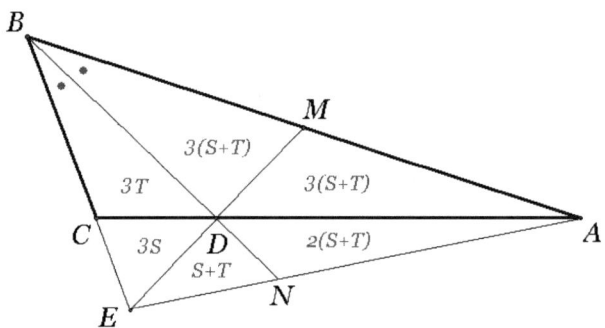

$\overline{BC}$의 연장선과 $\overline{MD}$의 연장선의 교점을 E라 두면 $\triangle BME$는 이등변삼각형이다.

그림과 같이 $\triangle CDE = 3S$, $\triangle BCD = 3T$라 두면

$$\triangle BMD = \triangle AMD = 3(S+T) \quad\text{······························} ①$$

$\triangle BDE : \triangle BDA = 1 : 2$이고 $\overline{AM} = \overline{BM}$이므로

$$\triangle DEN = S+T, \quad \triangle DAN = 2(S+T) \quad\text{··················} ②$$

$\triangle ABD : \triangle AED = 2 : 1$이므로

$$T = 2S \quad\text{··} ③$$

③에서 $\overline{BC} : \overline{CE} = 2 : 1$이므로 $\overline{BC} : \overline{AB} = 1 : 3$

10. 삼각형 ABC에서 $\angle ACB$의 이등분선이 $\overline{AB}$와 만나는 점을 D라 하자. 삼각형 ABC의 외심이 삼각형 BCD의 내심과 일치한다고 한다. 이 때

$$\overline{AC}^2 = \overline{AD} \cdot \overline{AB}$$

가 성립함을 보여라.

[증명 1]

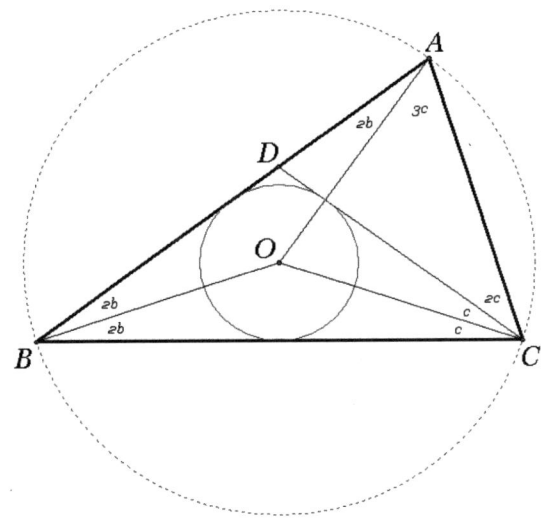

O는 삼각형 ABC의 외심과 삼각형 BCD의 내심이므로 내심과 외심의 정의에 의해

$$A = C = 72°, \quad B = 36°$$

$\triangle ABC \backsim \triangle ACD$이므로 $\dfrac{\overline{AB}}{\overline{AC}} = \dfrac{\overline{AC}}{\overline{AD}}$에서

$$\overline{AC}^2 = \overline{AD} \cdot \overline{AB}$$

[증명 2]

$\triangle BCD$의 외접원이 $\overline{AC}$와 접함을 보이면 되는데, 이는 $\angle ACD = \angle ABC$임을 보이면 된다. 그림에서 $\angle OBC = \angle OCB$, $c = 2b$이므로 $\angle ACD = \angle ABC$가 되어 증명 끝.

1. 한 변의 길이가 a이고, 외접원의 반지름의 길이가 R인 정삼각형 ABC에서 외접원 위의 임의의 점을 P라 하면

$$\overline{PA}^2 + \overline{PB}^2 + \overline{PC}^2 = 2a^2 = 6R^2$$

이 성립함을 보여라.

[증명 1]

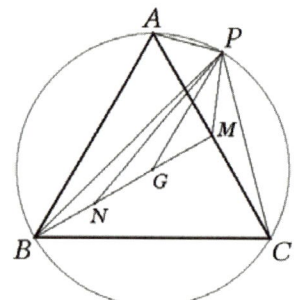

정삼각형의 한 변의 길이를 a, 외접원의 반지름을 R이라 하자.

$\triangle PAC$에서

$$\overline{PA}^2 + \overline{PC}^2 = 2\left(\overline{PM}^2 + \frac{1}{4}a^2\right) \quad \cdots\cdots\cdots\cdots\cdots\cdots\cdots ①$$

$\triangle PBG$에서

$$\overline{PB}^2 + \overline{PG}^2 = 2\left(\overline{PN}^2 + \frac{1}{4}R^2\right) \quad \cdots\cdots\cdots\cdots\cdots\cdots\cdots ②$$

$\triangle PMN$에서

$$\overline{PM}^2 + \overline{PN}^2 = 2\left(\overline{NG}^2 + \overline{PG}^2\right) = \frac{5}{2}R^2 \quad \cdots\cdots\cdots\cdots\cdots\cdots\cdots ③$$

①②③에서

$$\overline{PA}^2 + \overline{PB}^2 + \overline{PC}^2 + \overline{PG}^2 = 2\left(\overline{PM}^2 + \overline{PN}^2\right) + \frac{1}{2}a^2 + \frac{1}{2}R^2$$

$$\overline{PA}^2 + \overline{PB}^2 + \overline{PC}^2 = \frac{9}{2}R^2 + \frac{1}{2}a^2 = 2a^2 = 6R^2$$

[증명 2]

$\triangle PAC$에서 cos 2정리를 적용하면

$$\overline{AC}^2 = \overline{PA}^2 + \overline{PC}^2 - 2\overline{PA} \cdot \overline{PC} \cdot \cos 120°$$
$$= \overline{PA}^2 + \overline{PC}^2 + \overline{PA} \cdot \overline{PC} \quad \cdots\cdots\cdots\cdots ①$$

또, $\overline{PB} = \overline{PA} + \overline{PC}$이므로

$$\overline{PB}^2 = \overline{PA}^2 + \overline{PC}^2 + 2\overline{PA} \cdot \overline{PC} \quad \cdots\cdots\cdots\cdots ②$$

①②에서

$$\overline{PA}^2 + \overline{PB}^2 + \overline{PC}^2 = 2(\overline{PA}^2 + \overline{PC}^2 + \overline{PA} \cdot \overline{PC}) = 2a^2$$

2 삼각형 ABC에서 $\overline{AB}, \overline{BC}, \overline{CA}$ 의 중점을 각각 D, E, F라 할 때 $\overline{AE} \perp \overline{CD}$ 이다. $\overline{AB} = 10$, $\overline{CD} = 9$를 만족할 때 $\overline{BF}$의 길이를 구하여라.

[정답] $3\sqrt{13}$

[풀이]

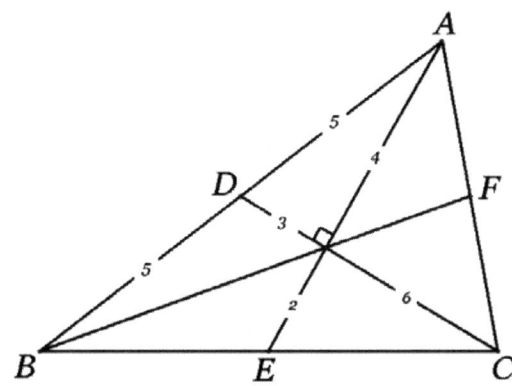

$\overline{BE} = \overline{CE} = 2\sqrt{10}$, $\overline{AC} = 2\sqrt{13}$ 이고, 파푸스의 중선정리에 의해

$$\overline{AB}^2 + \overline{BC}^2 = 2(\overline{BF}^2 + \overline{AF}^2)$$

3. 삼각형 ABC의 무게중심을 G라 하고, 외부의 임의의 한 점을 P라고 하면

$$\overline{PA}^2 + \overline{PB}^2 + \overline{PC}^2 = \overline{GA}^2 + \overline{GB}^2 + \overline{GC}^2 + 3\overline{PG}^2$$

이 성립함을 보여라.

[증명]

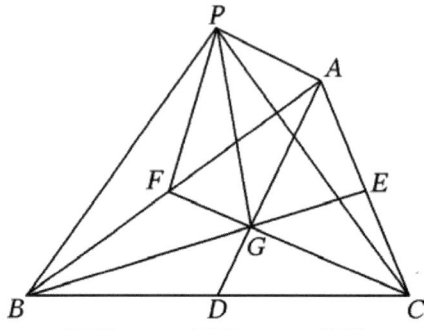

이하의 증명에서 $\overline{AB} = c$, $\overline{BC} = a$, $\overline{CA} = b$라 하자.

(1) 파푸스의 중선정리에 의해

$$\overline{PA}^2 + \overline{PB}^2 = 2\left(\overline{PF}^2 + \overline{AF}^2\right) = 2\overline{PF}^2 + \frac{1}{2}c^2$$

$$\overline{PB}^2 + \overline{PC}^2 = 2\left(\overline{PD}^2 + \overline{BD}^2\right) = 2\overline{PD}^2 + \frac{1}{2}a^2$$

$$\overline{PC}^2 + \overline{PA}^2 = 2\left(\overline{PE}^2 + \overline{CE}^2\right) = 2\overline{PE}^2 + \frac{1}{2}b^2$$

$$2(\overline{PA}^2 + \overline{PB}^2 + \overline{PC}^2) = 2(\overline{PD}^2 + \overline{PE}^2 + \overline{PF}^2) + \frac{1}{2}(a^2 + b^2 + c^2) \quad \cdots\cdots\cdots ①$$

(2) 스튜어트의 정리에 의해

$$2\overline{PF}^2 + \overline{PC}^2 = 3\overline{PG}^2 + \frac{3}{2}\overline{GC}^2$$

$$2\overline{PD}^2 + \overline{PA}^2 = 3\overline{PG}^2 + \frac{3}{2}\overline{GA}^2$$

$$2\overline{PE}^2 + \overline{PB}^2 = 3\overline{PG}^2 + \frac{3}{2}\overline{GB}^2$$

더해서 정리하면

$$2(\overline{PD}^2 + \overline{PE}^2 + \overline{PF}^2) + (\overline{PA}^2 + \overline{PB}^2 + \overline{PC}^2) = 9\overline{PG}^2 + \frac{3}{2}(\overline{GA}^2 + \overline{GB}^2 + \overline{GC}^2) \quad \cdots ②$$

(3) 스튜어트의 정리에 의해 $2\overline{AF}^2 + \overline{AC}^2 = 3\overline{GA}^2 + \frac{3}{2}\overline{GC}^2$을 만족하므로

$$\frac{1}{2}c^2 + b^2 = 3\overline{GA}^2 + \frac{3}{2}\overline{GC}^2$$

$$\frac{1}{2}a^2 + c^2 = 3\overline{GB}^2 + \frac{3}{2}\overline{GA}^2$$

$$\frac{1}{2}b^2 + a^2 = 3\overline{GC}^2 + \frac{3}{2}\overline{GB}^2$$

$$\frac{1}{2}(a^2 + b^2 + c^2) = \frac{3}{2}(\overline{GA}^2 + \overline{GB}^2 + \overline{GC}^2) \quad \cdots\cdots\cdots\cdots ③$$

① + ② + ③ 하면

$$3(\overline{PA}^2 + \overline{PB}^2 + \overline{PC}^2) = 9\overline{PG}^2 + 3(\overline{GA}^2 + \overline{GB}^2 + \overline{GC}^2)$$

$$\overline{PA}^2 + \overline{PB}^2 + \overline{PC}^2 = \overline{GA}^2 + \overline{GB}^2 + \overline{GC}^2 + 3\overline{PG}^2$$

4. 삼각형 ABC의 외접원의 반지름을 R, 외심을 O, 수심을 H라 할 때
$$\overline{OH}^2 = 9R^2 - a^2 - b^2 - c^2$$
이 성립함을 보여라.

[증명]

파푸스의 중선정리에 의해
$$\overline{AM}^2 = \frac{2b^2 + 2c^2 - a^2}{4}$$

이고
$$\overline{AG}^2 = \frac{4}{9}\,\overline{AM}^2 = \frac{2b^2 + 2c^2 - a^2}{9}$$
$$\overline{AO} = R$$
$$\overline{AH} = 2\overline{OM} = \sqrt{4R^2 - a^2}$$

이다. $\triangle AOH$에서 스튜어트의 정리를 적용하면
$$2\,\overline{AO}^2 + AH^2 = 3\left(\overline{AG}^2 + \overline{OG}\cdot\overline{GH}\right) = 3\left(\overline{AG}^2 + \frac{2}{9}\,\overline{OH}^2\right)$$

이므로, 정리하면
$$\overline{OH}^2 = 9R^2 - a^2 - b^2 - c^2$$
이 성립한다.

5. 삼각형 ABC의 세 중선을 $\overline{AD},\overline{BE},\overline{CF}$라 할 때
$$3\left(\overline{BC}^2 + \overline{CA}^2 + \overline{AB}^2\right) = 4\left(\overline{AD}^2 + \overline{BE}^2 + \overline{CF}^2\right)$$
이 성립함을 보여라.

[증명]

파푸스의 중선정리에 의해
$$\overline{AB}^2 + \overline{BC}^2 = 2\left(\overline{BE}^2 + \overline{CE}^2\right) = 2\left(\overline{BE}^2 + \frac{1}{4}\,\overline{CA}^2\right)$$
$$\overline{BC}^2 + \overline{CA}^2 = 2\left(\overline{CF}^2 + \overline{AF}^2\right) = 2\left(\overline{CF}^2 + \frac{1}{4}\,\overline{AB}^2\right)$$
$$\overline{AB}^2 + \overline{CA}^2 = 2\left(\overline{AD}^2 + \overline{BD}^2\right) = 2\left(\overline{AD}^2 + \frac{1}{4}\,\overline{BC}^2\right)$$

세 식을 각각 더해서 정리하면
$$3\left(\overline{BC}^2 + \overline{CA}^2 + \overline{AB}^2\right) = 4\left(\overline{AD}^2 + \overline{BE}^2 + \overline{CF}^2\right)$$
이 성립한다.

1. $\angle AOP = 90°$ 인 직각삼각형 AOP 에서 $\overline{OA} = 3$ 이고, $\overline{OA}$ 의 연장선 위에 $\overline{AB} = 4$ 를 만족하는 점 B 가 있을 때 $\angle APB$ 가 최대가 되도록 $\overline{OP}$ 의 길이를 정하여라.
(단, O, A, B 는 이 순서대로 배열되어 있다)

[정답] $\overline{OP} = \sqrt{21}$
[풀이]

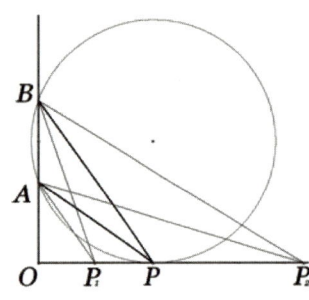

A, B, P 를 지나는 원이 x 축에 접할 때 $\angle APB$ 가 최대가 된다.
$\overline{OB} \cdot \overline{OA} = \overline{OP}^2$ 에서 $\overline{OP} = \sqrt{21}$

2. 삼각형 ABC 의 외접원의 반지름이 13 이고, $\overline{BC} = 24$ 일 때 A 에서 수심까지의 거리를 구하여라.

[정답] 10
[풀이]

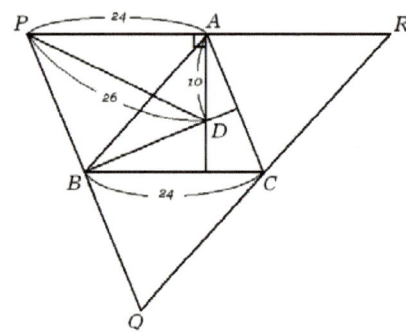

$\triangle ABC$ 의 수심 D 는 $\triangle PQR$ 의 외심이므로
$$\overline{PD} = \sqrt{74}$$
$\triangle ABC$, $\triangle PQR$ 의 닮음비는 $1 : 2$ 이므로
$\triangle ABC$ 의 외접원의 반지름은 $\frac{1}{2}\overline{PD} = \frac{\sqrt{74}}{2}$

3. 원에 내접하는 사각형 $ABCD$에서 대각선 $\overline{AC}$, $\overline{BD}$의 교점을 E라 할 때 $\overline{BC} = \overline{CD} = 4$, $\overline{AE} = 6$ 을 만족하고, $\overline{BE}$, $\overline{DE}$의 길이는 모두 정수일 때 $\overline{BD}$의 길이를 구하여라.

[정답] 7
[풀이]

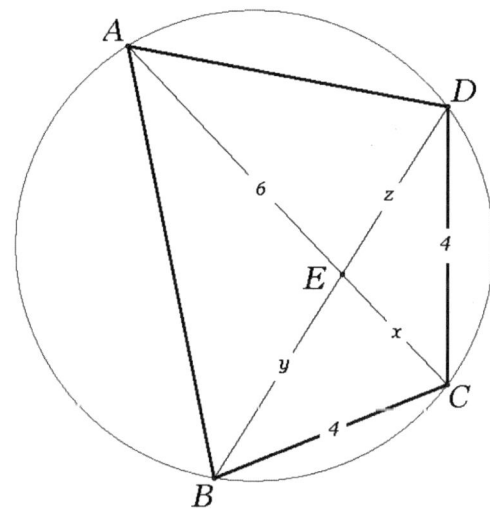

$\overline{BC} \cdot \overline{CD} = \overline{CE} \cdot \overline{CA}$에서
$$x = 2$$
또 방멱에 관한 정리에 의해 $yz = 12$에서 $(y, z) = (1, 12), (2, 6), (3, 4)$이고
$\triangle BCD$에서 $y + z < 8$이므로
$$y + z = 3 + 4 = 7$$

4. 삼각형 ABC의 외심을 O라고 할 때 O에서 각각의 변 $\overline{AB}$, $\overline{BC}$, $\overline{CA}$ 에 내린 수선의 발을 각각 D, E, F라 한다. $\overline{AB} = 17$, $\overline{BC} = 21$, $\overline{CA} = 10$ 일 때 $\overline{OD} + \overline{OE} + \overline{OF}$의 값을 구하여라.

[정답] $\dfrac{113}{8}$

[풀이]

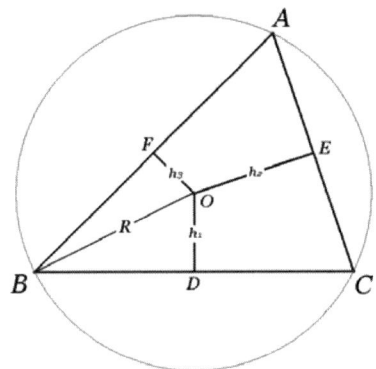

$$\frac{1}{2}r(a+b+c) = \frac{1}{2}(ah_1 + bh_2 + ch_3) \quad \cdots\cdots\cdots\cdots\cdots ①$$

$\square OFBD$, $\square ODCE$, $\square OEAF$에서 톨레미 정리를 각각 적용하면

$$\frac{1}{2}aR = \frac{1}{2}ch_2 + \frac{1}{2}bh_3 \quad \cdots\cdots\cdots\cdots\cdots ②$$

$$\frac{1}{2}bR = \frac{1}{2}ch_1 + \frac{1}{2}ah_3 \quad \cdots\cdots\cdots\cdots\cdots ③$$

$$\frac{1}{2}cR = \frac{1}{2}ah_2 + \frac{1}{2}bh_1 \quad \cdots\cdots\cdots\cdots\cdots ④$$

①+②+③+④ 하면

$$h_1 + h_2 + h_3 = R + r$$

이므로

$$\triangle ABC = \frac{1}{2}r(a+b+c) = \frac{abc}{4R}$$

에서

$$r = \frac{7}{2}, \quad R = \frac{85}{8}$$

264

5. 원 O 위의 세 점 A, B, G에 대해 $\angle AGB = 48°$ 가 성립한다. 현 $\overline{AB}$의 삼등분점을 A로 부터 각각 C, D라 하고, 호 $\overparen{AB}$의 삼등분점을 A로 부터 각각 E, F라 하고, $\overline{CE}$, $\overline{DF}$의 교점을 H라 한다. $\angle AHB$의 크기를 구하여라.

[정답] 32
[풀이]

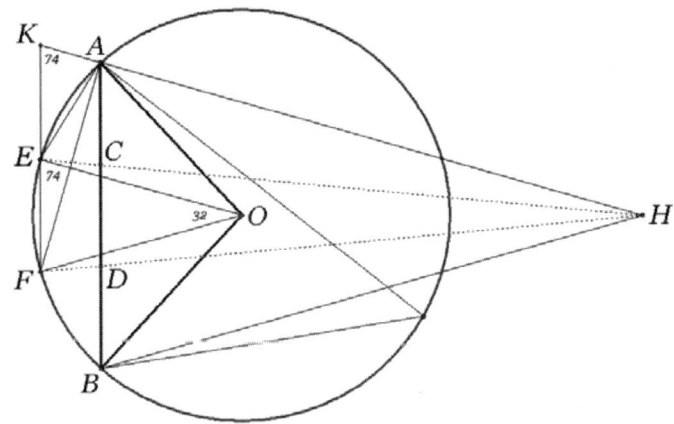

$\overline{AE} = \overline{EF}$, $\overline{AC} = \overline{CD}$이므로 $\overline{FE}$, $\overline{HA}$의 연장선의 교점을 K라 하면

$$\frac{\overline{HC}}{\overline{HE}} = \frac{\overline{CD}}{\overline{EF}} = \frac{\overline{AC}}{\overline{KE}} = \frac{\overline{AC}}{\overline{AE}}$$

에서

$$\overline{EK} = \overline{EA} = \overline{EF}$$

가 되어 $\overline{AF} \perp \overline{AK}$이고, 또 $\overline{AF} \perp \overline{OE}$이므로

$$\overline{OE} \parallel \overline{HK}$$

$$\angle EOF = \angle AHB = 32°$$

6. 반지름의 길이가 각각 8, 10 인 두 동심원이 있다. 삼각형 ABC 는 작은 원에 내접하는 정삼각형이고, P 는 큰 원 위의 점이다. $\overline{PA}$, $\overline{PB}$, $\overline{PC}$ 를 세 변으로 하는 삼각형의 넓이를 구하여라.

[정답] $9\sqrt{3}$

[풀이] $\dfrac{\sqrt{3}}{4}(R^2 - r^2)$

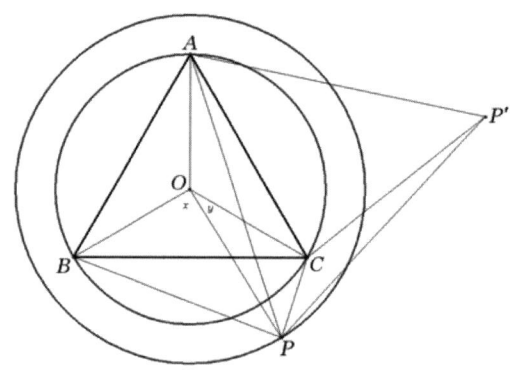

$\overline{PA}$ 를 한 변으로 하는 정삼각형 $PP'A$ 를 작도하면
$$\triangle ABP \equiv \triangle ACP'$$
에서 $\overline{PB} = \overline{P'C}$, $\overline{PA} = \overline{PP'}$ 이므로 $\triangle PP'C$ 가 구하고자 하는 삼각형이다.

$\angle BOP = x$, $\angle COP = y$ 라 두면 $x + y = 120°$ 이므로
$$\triangle PP'C$$
$$= \triangle PP'A - \triangle ACP' - \triangle APC$$
$$= \triangle PP'A - \triangle ABP - \triangle APC$$
$$= \triangle PP'A - \triangle OAB - \triangle OAC - \triangle OBP - \triangle OCP$$
$$= \frac{\sqrt{3}}{4}(R^2 + r^2 - 2Rr\cos(120 + y)) - \frac{\sqrt{3}}{4}(r^2 + r^2) - \frac{1}{2}Rr(\sin x + \sin y)$$
$$= \frac{\sqrt{3}}{4}(R^2 - r^2)$$

7. $\overline{AB} = 18$을 지름으로 가지는 원 O가 있다. 반직선 $\overline{BA}$ 위에 C가 있고, C에서 원 O에 그은 하나의 접선의 접점을 T라고 하자. 또 A에서 $\overline{CT}$에 내린 수선의 발을 P라고 할 때 $\overline{BP}^2$의 최댓값을 구하여라.

[정답] 432
[풀이]

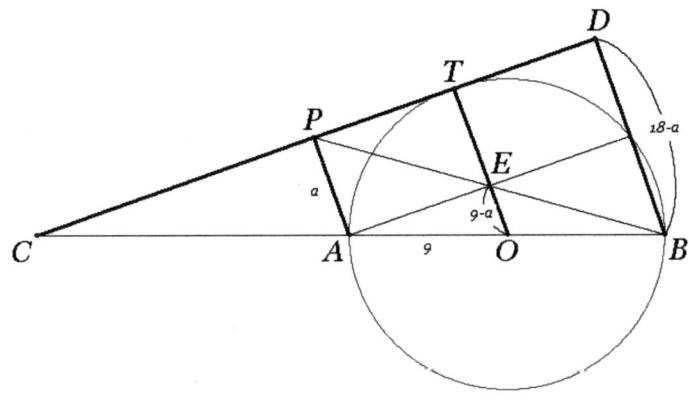

$\overline{PA} = a$라 하면
$$\overline{BD} = 18 - a, \quad \overline{OE} = 9 - a$$
에서
$$\overline{PB}^2 = \overline{PD}^2 + \overline{BD}^2 = 4\overline{AE}^2 + \overline{BD}^2 = -3(a-6)^2 + 432$$

8. $\overline{AB} = 10$, $\overline{BC} = 6$, $\overline{AC} = 8$ 인 삼각형 ABC에서 $\overline{AC}$, $\overline{BC}$와 $\triangle ABC$의 외접원에 동시에 접하는 원의 반지름의 길이를 구하여라.

[풀이]

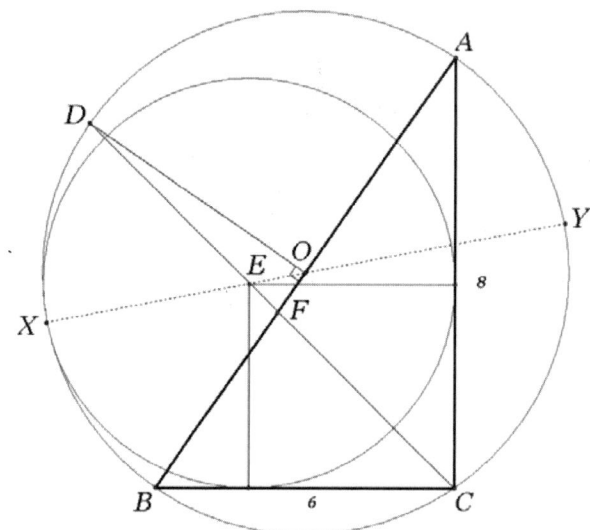

$\triangle ABC$는 직각삼각형이다. 구하고자 하는 원의 중심을 E라 하고, $\overline{CE}$의 연장선이 외접원 O와 만나는 점을 D라 하면 D는 $\widehat{AB}$의 중점이므로 $\overline{DO} \perp \overline{OF}$이다.

$\overline{BF} = 10 \times \dfrac{6}{6+8} = \dfrac{30}{7}$ 에서 $\overline{OF} = \dfrac{5}{7}$, $\overline{DO} = 5$이므로

$$\overline{DF} = \frac{25\sqrt{2}}{7}$$

$\overline{DF} \cdot \overline{CF} = \overline{AF} \cdot \overline{BF}$에서

$$\overline{CF} = \frac{24\sqrt{2}}{7}, \ \overline{CD} = 7\sqrt{2}$$

$\overline{DE} \cdot \overline{CE} = \overline{XE} \cdot \overline{YE}$에서

$$\sqrt{2}\,r(7\sqrt{2} - \sqrt{2}\,r) = r(10 - r)$$
$$r = 4$$

9. 한 변의 길이가 2인 정삼각형 ABC의 내부의 점 P가
$$\overline{PA}^2 \geq \overline{PB}^2 + \overline{PC}^2$$
을 만족할 때 점 P가 존재하는 영역의 넓이를 구하여라.

[정답] $\dfrac{2}{3}\pi - \sqrt{3}$

[풀이] $\angle BPC = 150°$를 만족하는 원 호위의 점이다.

10. 점 A, B, C는 원 O 위의 서로 다른 점이다. A, B를 지나는 O의 두 접선이 P에서 만난다고 하자. C를 지나는 O의 접선은 $\overline{AB}$와 Q에서 만난다. 이 때 $\overline{PQ}^2 = \overline{PB}^2 + \overline{QC}^2$이 성립함을 보여라.

[증명]

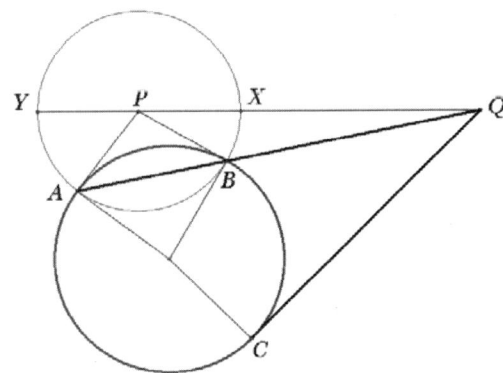

P를 중심으로 하고 반지름이 $\overline{PA} = \overline{PB}$인 원과 직선 $\overline{QP}$가 만나는 점을 X, Y라 하면
$$\begin{aligned}
\overline{QC}^2 = \overline{QA} \cdot \overline{QB} &= \overline{QX} \cdot \overline{QY} \\
&= (\overline{PQ} - \overline{PX})(\overline{PQ} + \overline{PY}) \\
&= (\overline{PQ} - \overline{PB})(\overline{PQ} + \overline{PB}) \\
&= \overline{PQ}^2 - \overline{PB}^2
\end{aligned}$$

1. 한 변의 길이가 2인 정삼각형 ABC가 있고, $\triangle ABC$의 외심을 중심으로 하고 반지름이 $\frac{1}{2}$인 원 O가 내부에 있다. O 위의 두 점 P, T와 $\overline{AB}$, $\overline{BC}$, $\overline{CA}$ 위의 임의의 점 Q, R, S에 대해 $\overline{PQ} + \overline{QR} + \overline{RS} + \overline{ST}$의 최솟값을 구하여라.

[정답] $\sqrt{\dfrac{28}{3}} - 1$

[풀이]

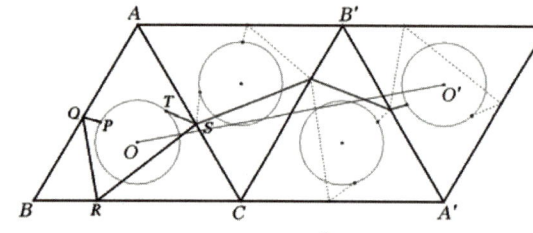 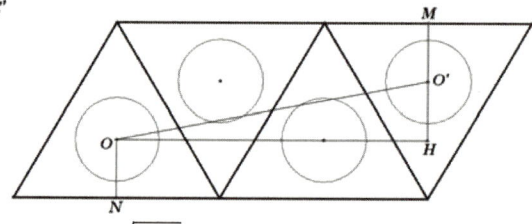

$\overline{O'H} = \overline{ON} = \overline{O'M} = \dfrac{1}{\sqrt{3}}$, $\overline{OH} = 3$이므로 $\overline{OO'} = \sqrt{\dfrac{28}{3}}$

$\overline{PQ} + \overline{QR} + \overline{RS} + \overline{ST} \geq \overline{OO'} - 2 \times \dfrac{1}{2} = \sqrt{\dfrac{28}{3}} - 1$

2. 그림과 같이 $\angle XOY = 45°$인 두 직선 $\overline{OX}$와 $\overline{OY}$가 있다. $\overline{OA} = 4$가 되는 점 A를 $\angle XOY$의 내부에 잡고, $\triangle ABC$의 둘레가 최소가 되게 하는 점 B, C를 $\overline{OX}$, $\overline{OY}$ 위에 잡는다. 이 때 $\overline{BC}$와 $\overline{OA}$의 교점을 P라 하면 $\overline{OP} = 3$, $\overline{PA} = 1$이 된다고 한다. $\triangle ABC$의 넓이를 구하여라.

[정답] $\dfrac{8}{7}$

[풀이]

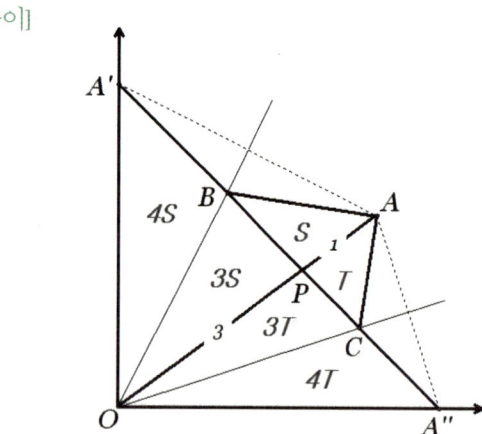

270

3. 볼록사각형 $ABCD$에서 $\angle DAB = a$, $\angle ADB = b$, $\angle ACB = c$, $\angle DBC = d$, $\angle DBA = e$이다. $a < \dfrac{\pi}{2}$, $b+c = \dfrac{\pi}{2}$, $d+2e = \pi$라고 할 때

$$(\overline{DB} + \overline{BC})^2 = \overline{AD}^2 + \overline{AC}^2$$

이 성립함을 보여라.

[증명]

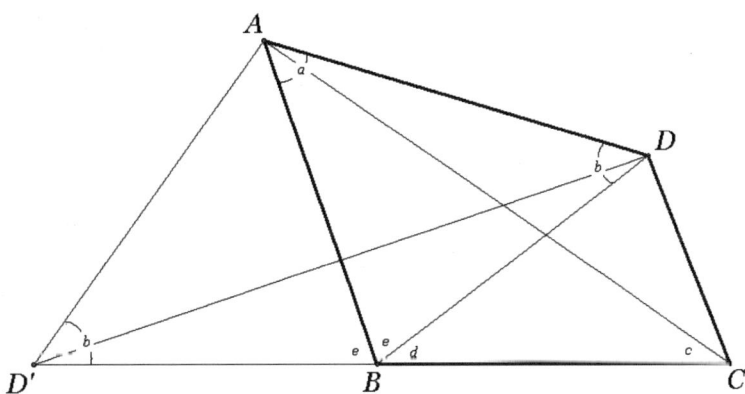

$\overline{AB}$에 대한 D의 대칭점을 D'라 하면 $\triangle AD'C$는 $\angle D'AC = 90°$인 직각삼각형이다. $\overline{DB} + \overline{BC} = \overline{D'C}$, $\overline{AD} = \overline{AD'}$이므로

$$\overline{AD}^2 + \overline{AC}^2 = \overline{AD'}^2 + \overline{AC}^2 = \overline{D'C}^2 = (\overline{DB} + \overline{BC})^2$$

4. $\angle C = 90°$인 직각삼각형 ABC의 외부에 정사각형 $CAEP$와 정사각형 $ABGF$를 그린다. C에서 $\overline{AB}$에 내린 수선의 발을 D라 할 때

$$(\overline{AF} + \overline{AD})^2 = \overline{EF}^2 - \overline{CD}^2$$

이 성립함을 보여라.

[증명]

$\triangle CDA$를 A를 기준으로 시계 방향으로 $90°$ 회전한 삼각형을 $\triangle ED'A$라 하면

$$\overline{AD'} = \overline{AD}, \quad \overline{CD} = \overline{D'E}$$

이므로

$$\overline{AD} + \overline{AF} = \overline{D'F}$$

가 되어

$$(\overline{AD} + \overline{AF})^2 + \overline{CD}^2 = \overline{D'F}^2 + \overline{D'E}^2 = \overline{EF}^2$$

이 성립한다.

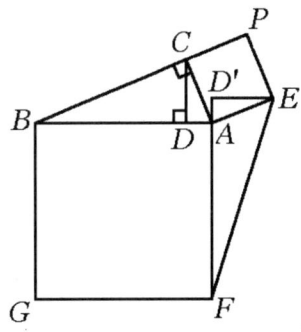

5. $\angle ABC = 2\angle ACB$ 인 삼각형 ABC 에서 $\angle BAC$ 의 이등분선과 변 $\overline{BC}$ 와의 교점을 D 라 한다. $\overline{AB} = \overline{CD}$ 일 때 $\angle BAC$ 의 크기를 구하여라.

[정답] $72°$
[풀이]

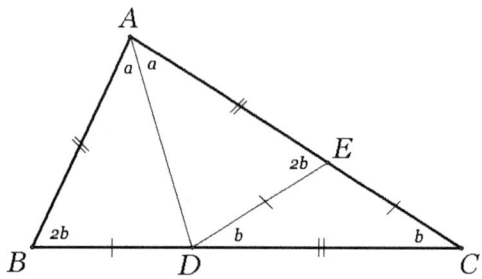

$\triangle ABD \equiv \triangle AED$ 를 만족하는 점 E 를 $\overline{AC}$ 위에 잡으면
$$\overline{AB} = \overline{AE}$$
또 $\angle ABC = 2b$, $\angle ACB = b$ 라 두면
$$\angle AED = 2b, \ \angle EDC = b$$
조건에서 $\overline{AB} = \overline{CD}$ 이므로 $\overline{AC} = \overline{BC}$ 가 되어 $a = b$ 이므로 $5a = 180°$ 에서
$$a = 36°$$

6. 직각삼각형 ABC 에서 D 는 빗변 $\overline{BC}$ 의 중점이고, E , F 는 각각 변 $\overline{AB}$, $\overline{AC}$ 위의 점이다. $\triangle DEF$ 의 둘레의 길이가 $\overline{BC}$ 의 길이보다 크다는 것을 증명하여라.

[증명]

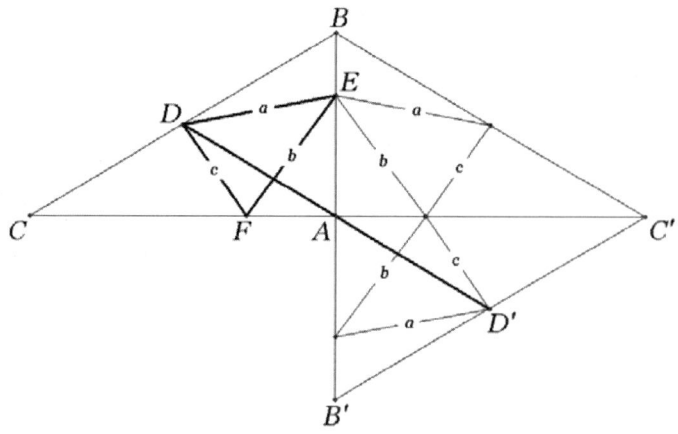